用雙色麵團做造型花捲

學會麵團攪拌、調色、整型、發酵及蒸製

透過40款造型花捲了解發麵的為什麼？

饅頭花捲達人
漢克老師/著

朱雀文化

序　作者

在麵粉世界 找到自己的快樂

感謝朱雀文化，每年邀約出版新書。總因為生活忙碌無法配合，今年時間允許， 再次啟航中式麵食的旅程。而這本書設計的內容，仍以堅持健康、不添加任何化學添加劑，更採用低糖無油配方，不僅省了荷包，也讓身體的負擔減少。這本書全部以花捲的方式呈現，絕大部分使用兩種顏色，以簡單的方法，完成美麗又賞心悅目的花捲，希望大家會喜歡。

很多網友在製作發酵麵食時，經常會失敗，過程中有很多問題，總是不知道原因，得到的答案也不是完全肯定，一直在失敗中掙扎。這本書設計的花捲，不僅容易成功，又很漂亮。

▲ **圖為送給朋友的試作產品，朋友家的孩子吃得非常開心！**

發酵麵食千變萬化，只要常做，會有很多的靈感湧現，同時只要能克服心中的恐懼，不斷創新，麵食這條路還是很寬很廣的。感謝好多好多的朋友跟網友們，支持我在這條路不斷努力，讓我們為這傳統的中華文化美食的傳承盡一份心力。

漢克老師

用自己的創意做造型花捲

很高興睽違幾年，又有機會和漢克老師配合。這次的《用雙色麵團做造型花捲》的企畫，老師很快就答應了，讓我們雀躍萬分。

經常在 Youtube 看到用簡單的白色麵團做出的造型花捲，不用過多調色、不需特別技巧，更無需複雜的工具，用水、麵粉、糖、酵母，就可以做出千變萬化的花捲，非常吸引目光。因此特別和漢克老師討論，以再加一個顏色，好看但不複雜的角度為出發點，做出這本《用雙色麵團做造型花捲》。

書中幾款造型，編輯部同仁已先行試作，剛開始的確手忙腳亂，不知從何捏起，成品也亂七八糟，完全沒有老師做出來的美感，但經過反覆的練習之後，終於也有不錯的作品出現，尤其書中幾款造型有影片可以參考，讀者可以反覆觀看後，再自己慢慢嚐試。

饅頭、花捲的製作，有時並非為了美麗的造型，而是享受製作的過程。透過花捲製作的搓揉、擀平、切割等過程，平日的煩惱似乎被拋諸腦後，如果做出讓人驚豔的成品固然讓人欣喜，如果成品不如己意，製作過程也療癒了心靈。

《用雙色麵團做造型花捲》一書擁有 40 款作品，每一款都可以在年節或喜慶的場所裡當成伴手禮。期待讀者多加練習，當成禮物送給親朋好友之餘，也許在一拉、一捏、一擀的過程中，發現自己也能設計出屬於個人的獨特造型呢！

編輯部

編按：▶ 表有製作影片，可線上觀看老師如何製作。

目錄

材料、器材和基本工密技

40 款造型花捲大集合

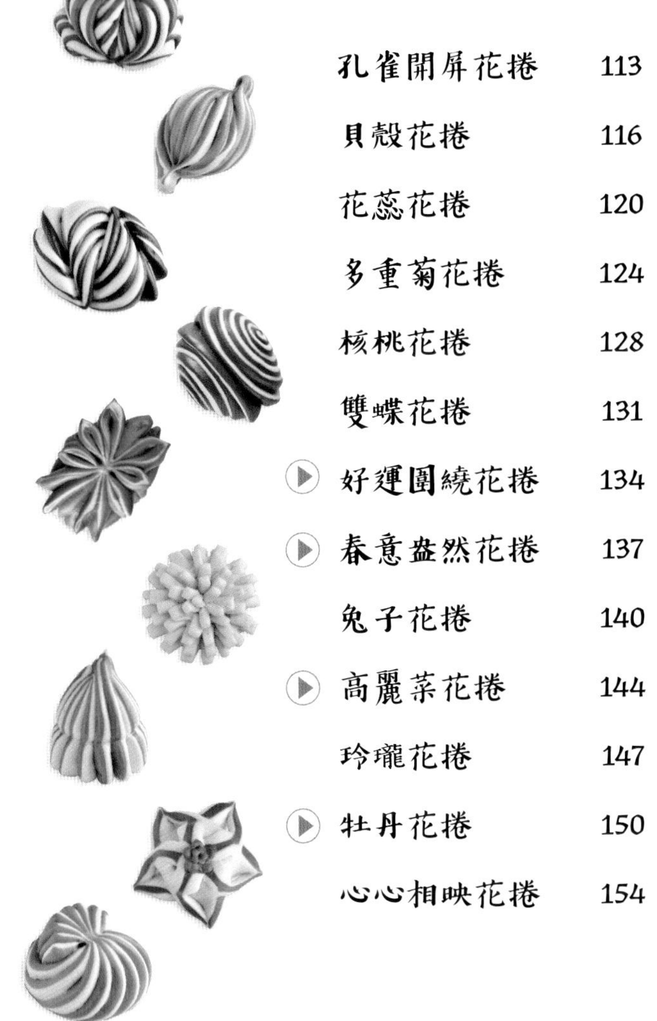

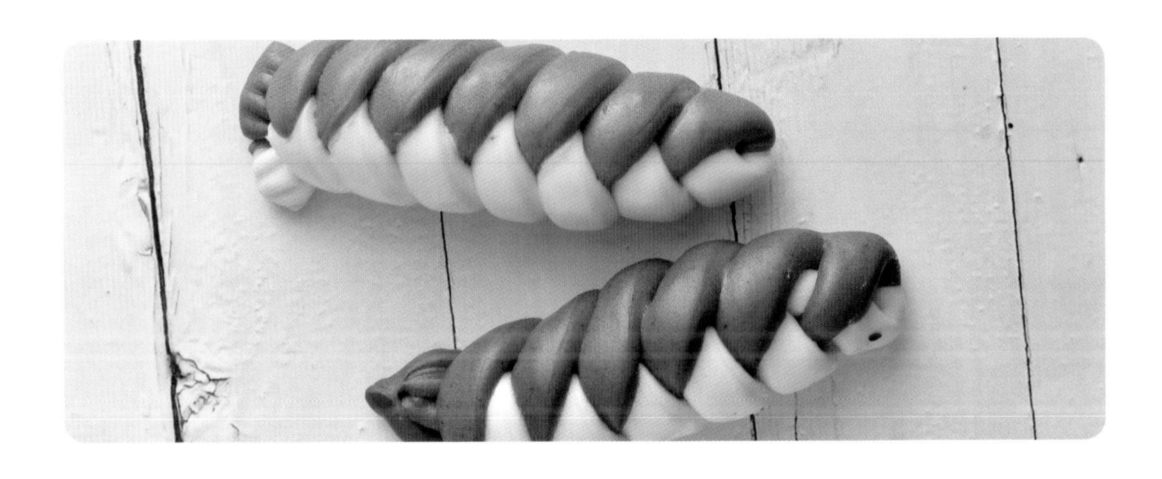

Part
1
材料、器具
和基本工密技

認識製作材料

中式發酵麵食的製作，所需要的配方食材並不多，除了包餡的發酵麵食除外，材料在烘焙材料行或雜糧行都很容易取得。饅頭、花捲的操作程序不多，時間也不長，使用工具不多也不貴，很適合家庭製作跟小資創業。

麵粉

低筋麵粉

蛋白質含量在 9% 以下，水分 13% ～ 14%，適合製作蛋糕、餅乾及各種點心食品。在製作發酵麵食時，如果使用筋度較高的麵粉，可加低筋麵粉調整筋度，製作出理想的成品。

中筋粉心粉

蛋白質含量在 11% ～ 12%，水分 14%，是目前市面上較常用來製作中式麵食的麵粉之一，像山東饅頭、麵條，就是用這類麵粉，本書花捲配方亦以此麵粉為主。

中筋麵粉

蛋白質含量在 9% ～ 11%，水分 13% ～ 14%，是製作中式麵食較常用的麵粉，加水攪拌或擀壓後具有彈性及延展性，很適合做饅頭、花捲、包子及蒸煎類的麵食。

高筋麵粉

蛋白質含量在 12% 以上，水分 14%，適合製作麵包、吐司等西式麵點。在沒有中筋麵粉時，可以加低筋麵粉混合後製作中式麵食。

油脂

油脂可以改善麵團性質，增加麵團延展性及彈性，讓產品口感較為柔軟，表面呈現較為光亮，同時油脂可以延緩麵團老化，延長保存時間。在製作中式麵食上可選較為自然的油脂，如沙拉油、奶油等來增加香氣。

糖

酵母可以把糖分解為二氧化碳及酒精，二氧化碳可以使麵團膨脹，酒精使麵團有特殊風味及香氣。糖除了可以提供酵母養分及加速發酵外，還能加強水分的保存，讓產品柔軟不易老化，糖量愈多產品保存時間愈久，但同時也會抑制酵母發酵，所以用量仍需多加斟酌。本書的配方幾乎都以細砂糖為主，因細砂糖溶解快，能均勻分布在麵團上。

酵母

酵母在發酵麵食時有著十分關鍵的作用，麵團之所以會發酵，是因為酵母吸收了麵團養分產生了變化，將糖分解成二氧化碳及酒精，讓麵團膨脹，使產品體積變大，鬆軟，產生特殊香氣及風味。常見的酵母種類有：

新鮮酵母

外觀像塊肥皂，顏色呈淡黃色或是乳白色，有酵母特殊的氣味沒有酸臭味，含水量 65% ～ 70%，0°C時可以保存 2 ～ 3 個月、4°C可以保存 1 個月、10°C約 10 天左右。溫度愈高酵母本身的酵素會因為發熱而自然分解、變質。使用方式是放置常溫下，以手弄碎或是加適量的溫水讓酵母恢復活力，就可以直接跟其他食材一起攪拌成團。

乾酵母

用新鮮酵母擠壓乾燥再脫水而成，含水量約 7.5% ～ 8.5%，常溫下真空保存期約 2 年，拆封後保存期限約半年，如果放入冰箱冷凍可以維持約 2 年保存期。使用時要先浸泡水中，讓酵母活力恢復，才可以跟其他材料一起攪拌。用量是新鮮酵母的 1/2。

速溶酵母

酵母塊加了抗氧化劑及乳化劑，再經過擠壓跟低溫乾燥而成，含水量約 4% ～ 6%，保存期限及方法同乾酵母，發酵速度比乾酵母快，使用方式為直接跟其他食材一起攪拌即可，用量是新鮮酵母的 1/3。

水

有硬水、軟水、中硬度水等，最常用的是一般自來水。水的目的是用來調節麵團軟硬度，經研究發現，較高的吸水量可以改善麵食的體積及口感，水量較少時會使體積較小且組織堅硬口感差。南方產品的配方水量約為麵粉的 50% ～ 55%，北方產品水量約 41% ～ 45%。

鹽

鹽可以增加麵團的筋性、抑制細菌滋生，但鹽的添加量若過多，反而會抑制酵母的發酵，甚至影響最後發酵時間拉長，或是蒸出來的產品明顯變小、口感也變差。因此建議製作饅頭、花捲時不要添加鹽，真的要加，請控制好它的使用量。

認識製作器具

製作花捲、饅頭並不需要什麼特殊器材，儘量用家裡現有的器具來製作，如果真的要創業或是大量製作，再購買必備器具，以增加產能。以下是製作饅頭、花捲較常需要使用的工具。

擀麵棍

主要用來擀麵皮，有木製、不鏽鋼及塑膠等材質，長度跟直徑都有不同規格，擀麵皮時我慣用長度 30 公分，直徑 2.5 公分；擀長方形則使用長度 50 公分，直徑 3.5 公分，可以依個人使用習慣就好。至於材質，我個人喜歡用木質實心材質，表面光滑，手感較好，使用上也順手。

蒸籠

材質有竹製、不鏽鋼、鋁製及木製蒸籠等，大小依需求而定，一般家庭可以用直徑 40 公分兩層，就綽綽有餘。竹蒸籠跟木製蒸籠的透氣性佳，蒸出來的成品有股竹子香氣，但缺點是不好保存、易發霉，使用後需放在通風的地方自然風乾，不能放在屋外曬太陽，否則會裂開，另外竹蒸籠跟木製蒸籠的價格也比其他的蒸籠貴。

至於不鏽鋼跟鋁製蒸籠，因為底鍋與蒸籠、蒸蓋較緊密而不漏氣，因此水蒸氣無法散出，容易影響產品的外觀跟組織，優點是容易清洗跟保存。

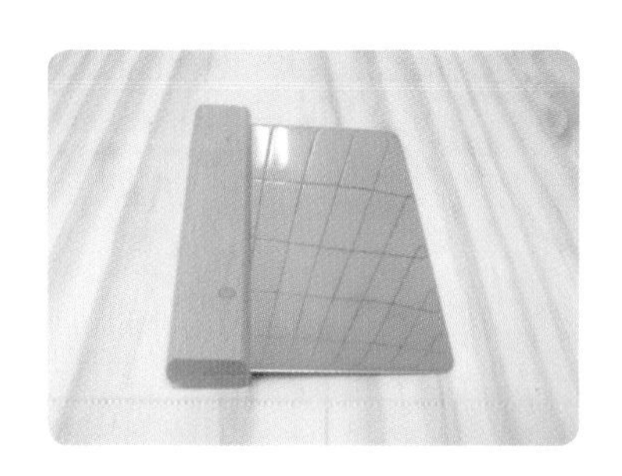

切麵刀

主要用途在將麵團分割，一般可以用手直接擰斷，或以菜刀、刮板來分割，市售切麵刀也是一個不錯的選擇。

噴水壺

利用烤箱發酵時，必須噴水，噴出來的水霧要細緻，不要太粗大，以免發酵快完成時，成品表面還濕黏。

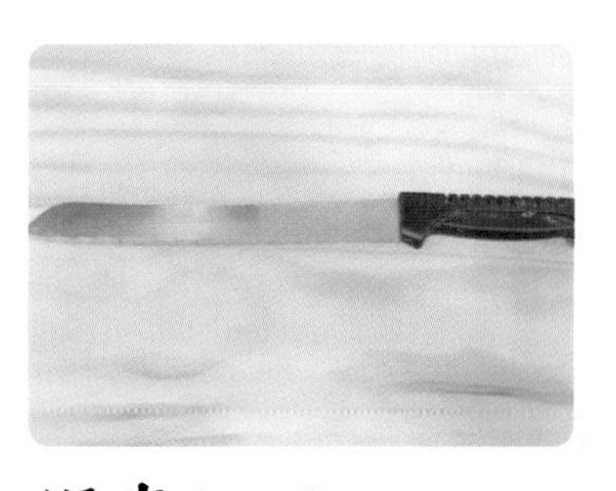

鋸齒切刀

製作花捲時，需要利用捲起切開的花紋做造型，鋸齒切刀用拉切的方式，可以將花紋無損地保留下來。

防沾蠟紙

又叫饅頭紙或包子紙，在烘焙材料行跟雜糧行或是大型量販店都有販售，有方形跟圓形，有大有小可供選擇，饅頭、花捲成型後放在防沾蠟紙上，以防在最後發酵時黏在蒸籠上不易取出，同時也能阻隔水氣沾濕底部。

計時器

製作饅頭與花捲過程中，製程需要鬆弛、發酵、攪拌及蒸製等，都需要時間的提醒，不可能在原地看著時鐘等待，所以必須使用計時器來提醒時間到了，或是可以觀察產品狀況，算是很重要又必備的工具。

刮板

麵團製作過程中，需要刮刀切麵團、或是清理黏在桌上的麵團及麵粉，我個人習慣使用塑膠硬刮板，因為不鏽鋼刮板易傷桌面，也容易把桌面的材質刮入麵團裡。而在清理攪拌缸時，如有麵團黏在缸邊不易清理，用塑膠軟刮板，可以輕易且乾淨的完成。

不鏽鋼盆

手工製作中式麵食時，不鏽鋼盆是很必需且好用的工具，不但可在混合麵團時使用，在調理餡料時很適合用來拌勻食材，製作老麵更是很好的工具。而麵團需要鬆弛時只要倒扣不鏽鋼盆就可以了，不需要浪費保鮮膜或是購買發酵桶。圖中為酷藝師不鏽鋼盆，不僅為304材質，輕巧、不易摔破，還可微波、可烤箱、可氣炸、可電鍋、洗碗機，一組三入（2000ml+3000ml+4000ml），製作花捲用來揉麵、鬆弛麵團等非常便利。

壓麵機

一般製作中式麵食時，都用擀麵棍將麵團擀開，當製作量大時，就得用壓麵機取代擀麵棍，一來速度加快，二來用壓麵機壓出的麵皮更為光滑，蒸出來的產品表面更為光滑細緻。目前有自動與手動、大型及小型等，可依需求選擇。

壓麵機有手動式跟機械式兩種，目的是將麵團壓成光滑麵片，再整型成想要的饅頭、花捲、麵條等麵食，是中式麵食很重要的工具之一。麵團靠壓麵機上下兩個滾輪的間隔大小，壓出需要的厚度，再經過整型可節省不少時間。

手動式就是用手搖的方式將麵團壓出，適合小家庭使用，也較安全；機械式壓麵機完全用電動的方式帶動滾軸壓出麵片，適合大量製作麵食，但有一定的危險性，要特別注意安全。

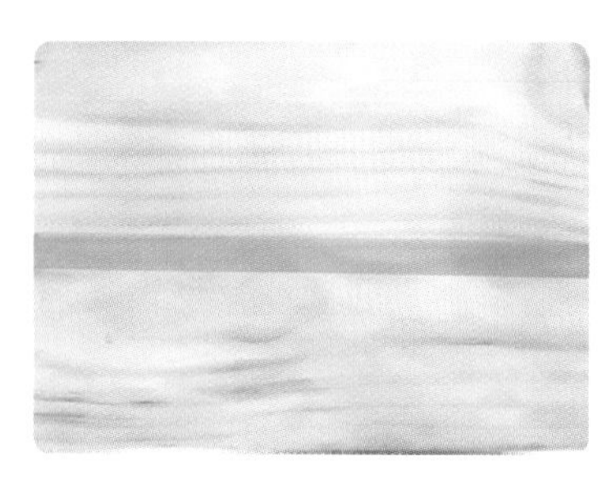

麻將尺

花捲用尺做記號後，因為有些麵皮的長度比一般的尺來得長，且尺的厚度太薄，切的時候容易滑動，麻將用的尺，厚度跟長度剛好用得上。

花模

花捲用筷子或用手捏合時，容易造成麵皮模糊或被拉傷，利用花模印出花的造型，不僅可以美觀被拉傷的地方，也有黏住兩端不易被分開的妙用。

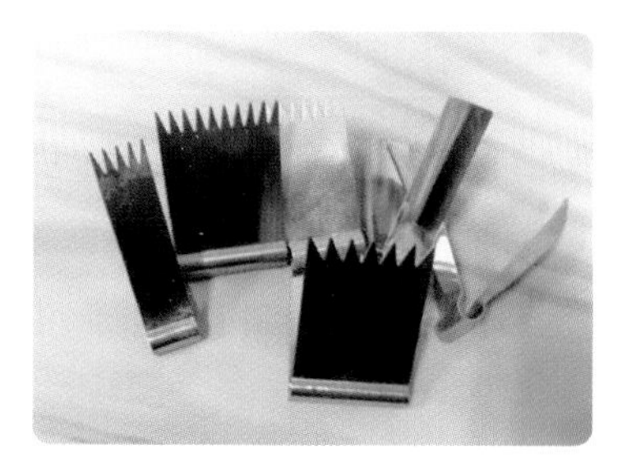

麵點夾

有不同大小的夾子，按麵團大小及要夾的花樣來選擇，夾的時候，要一次到位，不能重複夾，夾的寬度會影響夾的面積及夾起來的樣式。

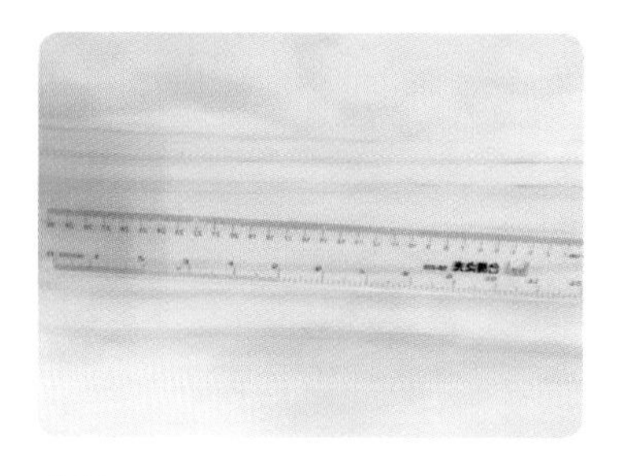

尺

有些花捲需要切長條再做造型，讓花捲大小一致，所以要用尺做記號，麵皮前端跟尾端都要用尺做記號，再用刀切下。

不鏽鋼條

做花捲時常會有下壓的動作，壓下的寬度需一致時，不鏽鋼條就派上用場了，直徑 0.3 公分較適合，需要直徑大一點時，使用筷子就可以。

筷子

花捲常利用筷子做下壓及兩端夾緊的動作，竹筷子拿在手裡較順手，但夾緊的動作，一旦力氣大一些，竹筷子很容易變形，也會讓花捲跟著受到影響；不鏽鋼筷子堅硬筆直，使用上各有利弊。

攪拌機

製作較少量的中式麵食時，手揉就可以應付了，如果量多就得用攪拌機來替代人力。攪拌機依馬力大小，可以攪拌的麵團重量也不同，依個人需求選擇即可，要注意攪拌機有些使用 220V 的電壓伏特。製作饅頭、花捲大部分選擇勾狀攪拌棒，如果量少則選擇漿狀攪拌棒才能完成工作。攪拌一般選擇用慢速將各種材料混合成團後，再轉中速攪拌成光滑的麵團。

磅秤

磅秤是必備工具，可以在每次製作中式麵食時掌握配方的準確數字，以免錯誤影響發酵時間及產品的組織、口感等。現在大家多使用電子秤，可立即顯示正確重量，使用時要選擇最小可以秤出 1 克重量的電子秤，當然愈精細愈好。

棉布或紗布

使用不鏽鋼或鋁製蒸籠時，為了防止水蒸氣滴在產品上，可以在產品底下墊棉布或紗布，或是在蒸籠與蒸籠間加條棉布或紗布；如果只蒸一層，可以在蒸籠跟蒸籠蓋間加條棉布或紗布，幫助散出些熱氣，同時也阻隔水氣滴在產品上。

包餡匙

中式麵點需要包餡的機會很多，可以利用包餡匙或湯匙、筷子等工具。市售包餡匙有木製及不鏽鋼製品可供選擇，木製用後洗乾淨要晾乾，否則會因潮濕而發霉，也較為不耐用，不鏽鋼產品就完全沒有這種問題。

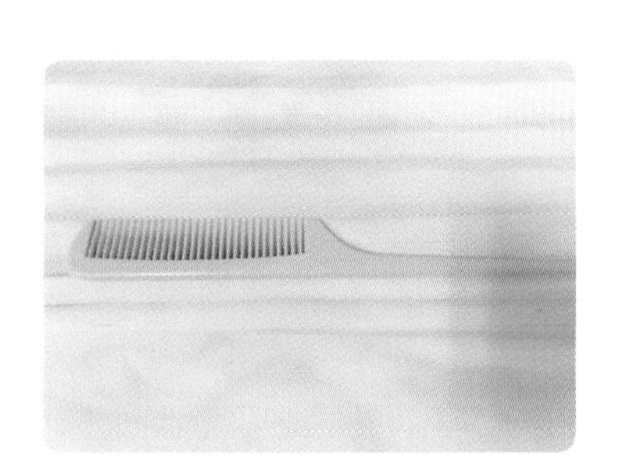

梳子

有些花捲需要利用疏子前端的齒紋做造型，材質要堅硬些，壓紋時，麵皮上最好要撒些粉，才不會連麵皮也被拉起。

蘋果分切器

花捲造型需要將圓麵皮分切好幾片，每片要大小差不多，利用蘋果分切器，放在麵皮上輕壓印出痕跡，可以一切四，一切八，無需花太多時間在對焦上。

麵團練功密技

饅頭、包子的製作有一定步驟，須按著程序操作，就容易上手。現在依以下的基礎配方來說明發酵麵團整個製作過程。

材料 Recipe!

中筋麵粉	600 克	細砂糖	30 克
水	300 克	沙拉油	15 克
速溶酵母	6 克		

編按：此為一般常見的配方，但老師在書中的花捲做法，都是以無油少糖的配方為主，和此處略有差異。

做法 step by step!

A. 攪拌

不論用手揉或是用攪拌機代勞，最終的要求就是麵團要光滑，麵團光滑與否會影響蒸出來的結果。

揉製過程中，必須注意水量，尤其是吹南風時，地板容易潮濕，麵粉就會吸較多的水分，水量就要減少；有些麵粉筋度較高（如粉心粉或高粉），水分就要提高。經常做就知道麵團軟硬度，絕不能按著食譜配方依樣畫葫蘆，因為使用的食材跟環境並不完全相同，適度調整就可以做出好吃的饅頭跟包子了。

a. 手工揉麵

1. 將所有材料放入盆中攪拌。

2. 用筷子將所有材料拌到沒有水分。

3. 用手將所有材料搓成團，再倒在桌上搓揉。

4. 以手用力來回搓至光滑為止，每個人的力氣跟技巧不同，無法給出標準的時間。

5. 揉至表面光滑，滾圓後（如圖），蓋上保鮮膜，鬆弛3分鐘，就可以接續後面的調色或整型。

b. 攪拌機攪拌

1. 將所有材料放入攪拌缸裡。

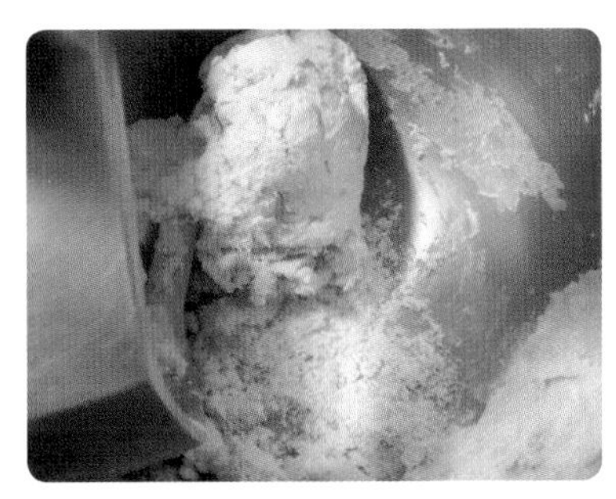

2. 以慢速攪拌，不能以中速或快速攪拌，麵粉會飛出來。

3. 攪拌過程有時會黏缸，以軟刮板將黏在缸邊的麵團刮下，若放一段時間會不好刮除或難以洗淨。

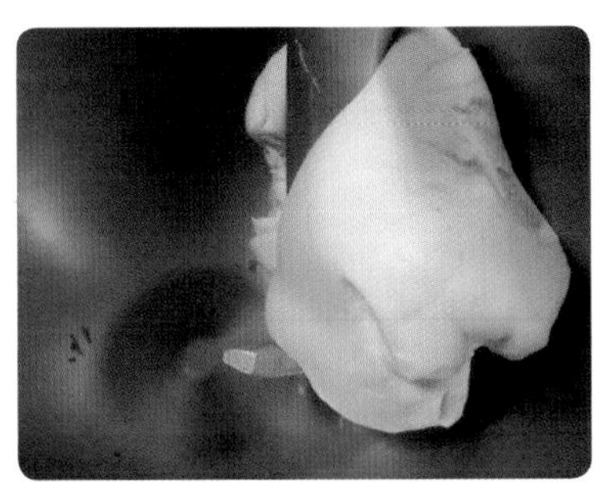

4. 將麵團攪拌到表面光滑即可。

5. 再拿到桌上揉幾下就光滑了。

攪打麵團影片
看這裡
▼

B. 鬆弛（發酵）

麵團揉好或攪打完成，一般來說如果麵團的軟硬度沒有問題，可以直接成型，可省略鬆弛這個動作。但有些麵團筋性較強無法成型，就必須先放在一旁，讓麵團充分吸收水分，待它變得柔軟後再做後續動作，所以視產品或環境不同，並沒有一定的規定要做這個動作。

有時在揉麵團時無法揉到光滑，可以讓麵團鬆弛 3 ～ 5 分鐘再揉，就容易揉到位。鬆弛時不能將麵團直接放桌上，這樣麵團表面容易受到風吹而結皮乾硬，建議將鋼盆倒扣，或是用塑膠袋包好。

鬆弛的時間要看麵團的吸水程度跟溫度的高低來決定，鬆弛時間不宜過久，太久酵母會產生二氧化碳，麵團會膨漲，產出很多氣泡，在壓麵時不易弄掉，蒸出來的結果跟口感也都會變得不好。

C. 壓麵、擀麵

麵團經過壓麵過程（用壓麵機或是擀麵棍將麵團反覆壓延或擀壓），會讓產品較為細緻、口感較好，但要注意的是，把麵團壓成光滑的麵皮後，麵團不能鬆弛太久，一旦鬆弛過久後，因發酵產生的氣泡就不易壓出去，導致麵團表面較為粗糙，氣孔也多。

壓麵的時間或次數同樣不能太久或太多。用壓麵機壓麵，時間太久，麵團會愈壓愈軟；用擀麵棍壓的次數太多，則會壓出筋性，導致麵團變硬，這樣都不利之後的成型。

a. 用手擀壓

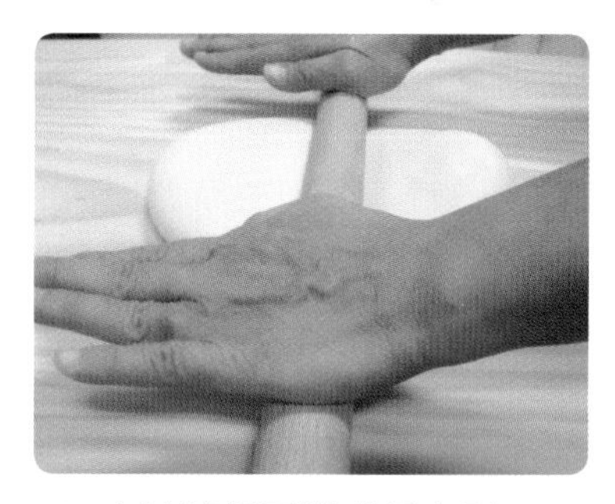

1. 直接將麵團擀成長方形。

2.折三折（左右向中間折）。

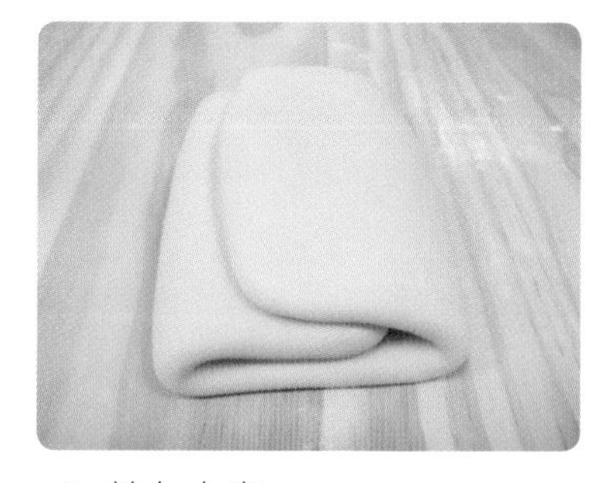

3. 轉九十度。

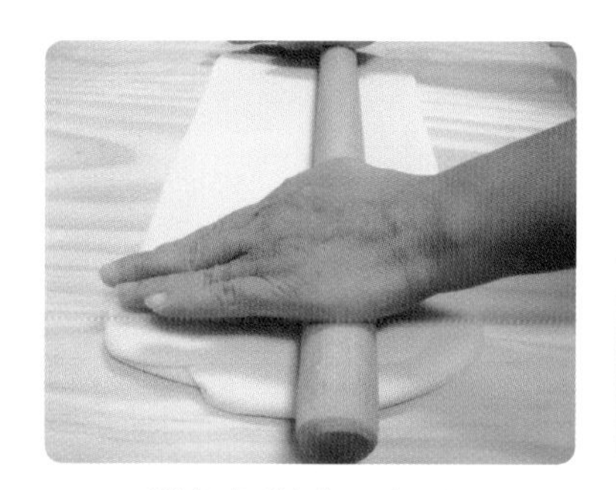

4. 用擀麵棍擀成長方形。

5. 刷掉麵皮上的粉、抹少許的水，緊密捲好，如此切下來的麵團就不會有孔洞。

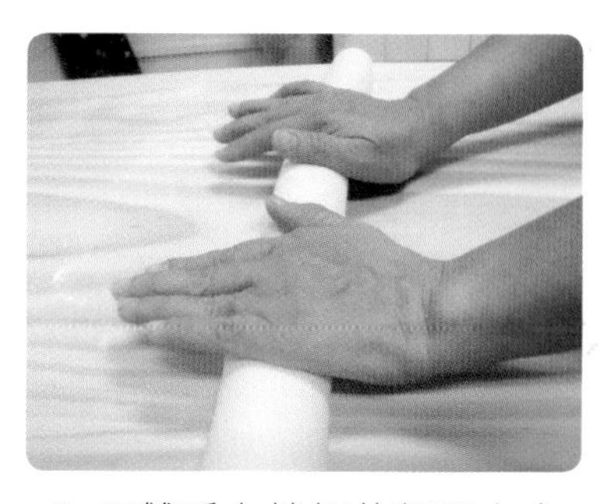

6. 用雙手在捲好的麵團上來回滾動，麵團會更緊實，但不要太用力滾動，否則麵團會變長變細。

b. 壓麵機擀壓

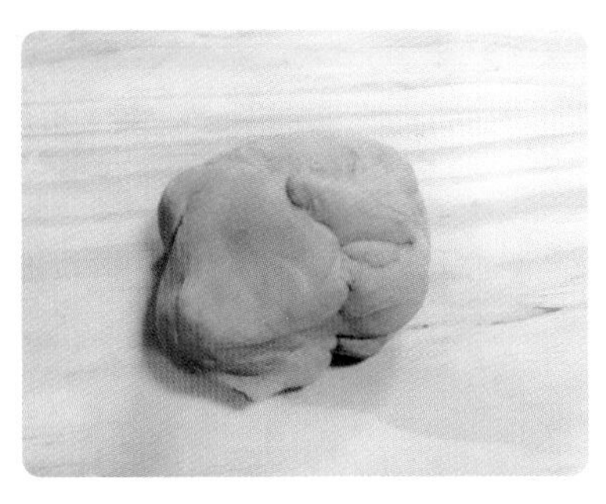

1. 將所有材料攪拌成光滑的麵團。

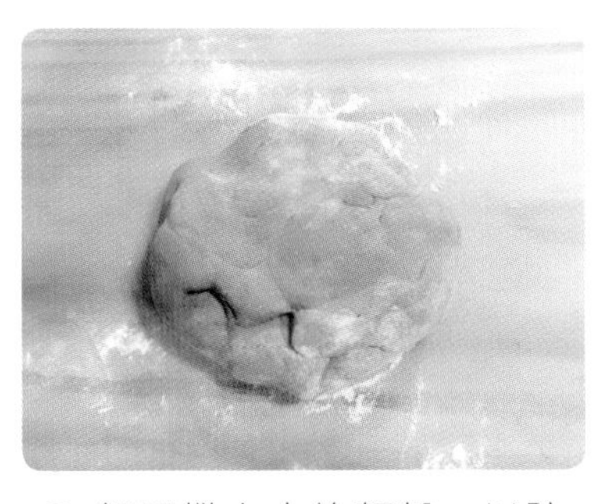

2. 麵團撒上少許麵粉，以防黏手或沾在壓麵機上。

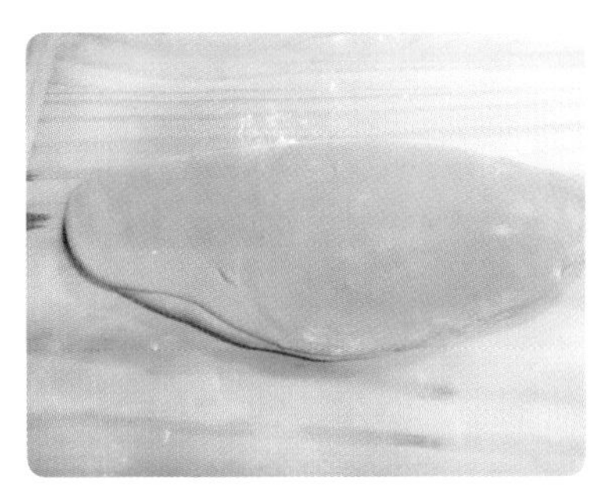

3. 將壓麵機調出適合的間隙（寬度），再把麵團放入，壓出麵片。

4. 把麵片左、右往中間折成長方形。

5. 按照圖示將折好的麵片放入壓麵機，壓麵時，空氣會從上下的空隙中釋出，如果不按此方式放入麵片，壓麵過程會產生很大的爆破聲，麵片壓出來也會呈現出不規則的形狀。滾輪的間隙也要適當調好，壓出來的麵片才不會變形。

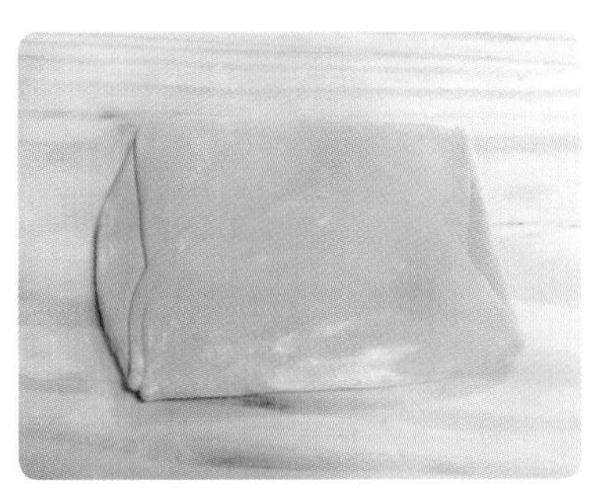

6. 壓出來的麵片不可能一次到位。一次就把壓麵機滾輪的間隙調到想要的大小，麵片很容易壓到破碎且變形，所以必須分幾次調小壓麵機滾輪的間距才行。

7. 壓出需要的麵片厚度就可以整型了。

D. 成型

依要求分割麵團大小，可以把壓麵好的麵皮捲成長柱形，也可以直接分割（圖**A**），大小一致（圖**B**），這樣成型後規格較統一美觀。

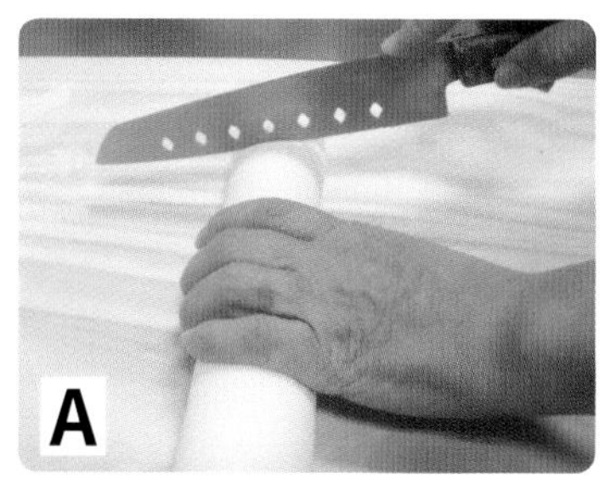
A

B

整型的速度要快，像圓饅頭跟包子，手工操作時，都是一個個完成，速度太慢，間隔太久，會產生發酵時間差距，影響蒸出的產品結果。

E. 最後發酵

這是饅頭包子最難的部分，只要饅頭包子這個部分做得最好，基本上就成功了。

發酵不是由時間來決定，是溫度的高低，夏天天氣熱，發酵的時間愈短，冬天天氣冷，發酵時間就會拉得很長。以下詳述最後發酵的方法及該注意的事項。

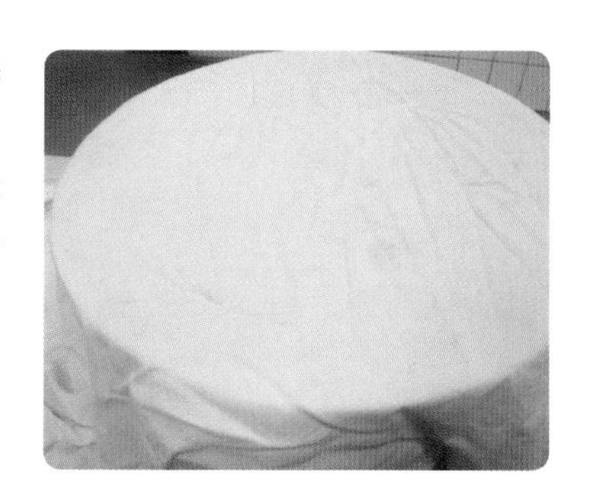

a. 天氣較熱時，只要將成型好的饅頭包子放在蒸籠裡，蓋上乾布，以免風吹表面結皮，影響口感，放在室溫發酵就可以了。

b. 天氣較冷，發酵會拉得很長，一般家庭都沒有發酵箱，可以借用烤箱跟平底鍋來幫助發酵。

❶ 烤箱發酵

使用烤箱發酵時不必預熱，將饅頭、花捲放在烤盤上，送進烤箱，上火設 50°C，溫度不能太高，不然會造成表面乾硬甚至產生裂痕。同時送進去的饅頭表面記得要噴水，因為烤箱裡的發酵溫度比理想發酵溫度 35 ～ 38°C要高，如果沒有事先噴水，饅頭、花捲的表面容易乾燥，甚至讓酵母失去效力，也會因為表面乾硬，或是讓最後發酵判斷困難度變大，導致在蒸製過程中容易裂開。

▲ 烤箱發酵前

▲ 烤箱發酵後

漢克老師小叮嚀

入烤箱時饅頭表面需要噴水，噴太少，表面容易乾燥；噴太多，在發酵完成時，表面還是濕的，蒸出來的表面不光滑。因此如果水噴太多，發酵快完成時，可以把烤箱溫度調高，在發酵完成時，表面必須乾爽，不黏手。

❷ 平底鍋發酵

將平底鍋燒熱至手還可碰觸的溫度，將饅頭、花捲放上，表面蓋上乾布，以免風吹結皮。發酵時間不能準確告知，一切依最後發酵方式判斷。平底鍋發酵方式比烤箱更快，但適合少量製作。

▲ 平底鍋發酵前

▲ 平底鍋發酵後

c. 天氣影響發酵時解決辦法

夏天天氣熱，發酵速度明顯變快，因室溫太高，一旦操作速度太慢，酵母已經發酵，麵團的孔洞會變大變粗，蒸出來的結果不理想。解決的方法有：酵母減量（平常用麵粉 1% 的酵母量，夏天則使用 0.3% ～ 0.5% 即可）、改用冰塊水或冰牛奶替代一般常溫水。

至於冬天天氣冷，打出來的麵團明顯是冰冷的，對操作來說是好事，但對最後發酵完成卻很麻煩。

解決的方法有：酵母量增加，用平常的 1.5 ～ 2 倍，同時使用常溫水，不建議改用溫水，反而因為水溫不好拿捏，容易弄巧成拙，造成操作上的困擾。

d. 最終發酵完成的判斷方法，坊間很多人使用以下兩種方式判斷發酵完成：

❶ 水球法——用透明杯子裝 8 分滿的水，放入 20 克大小的圓麵團，當麵團漲到水面約 1/3 ～ 1/2 時，就表示發酵完成了。

❷ 量杯法——用一個量杯放入 20 克大小的麵團壓平，當麵團漲到 2 倍大時就，就表示發酵完成。

然而這兩種方法只能參考，並非萬無一失。用傳統可靠的方法判斷最後發酵是否完成的方法有：

❶ 重量感覺變輕——饅頭發酵完成後，拿起麵團會感覺變輕（圖 **A**），因為發酵好的饅頭、花捲裡面充滿了氣體，實際重量沒有減少，卻會有輕盈感。

發酵前

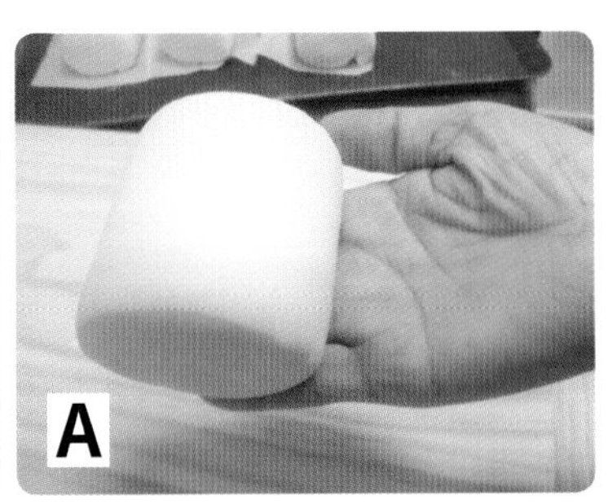

A

❷ 明顯變大——從外觀上可以明顯看出饅頭的體積大很多（圖 **B**）。

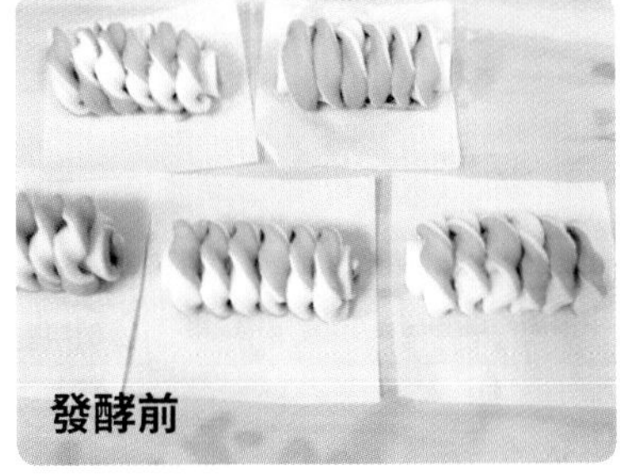

發酵前

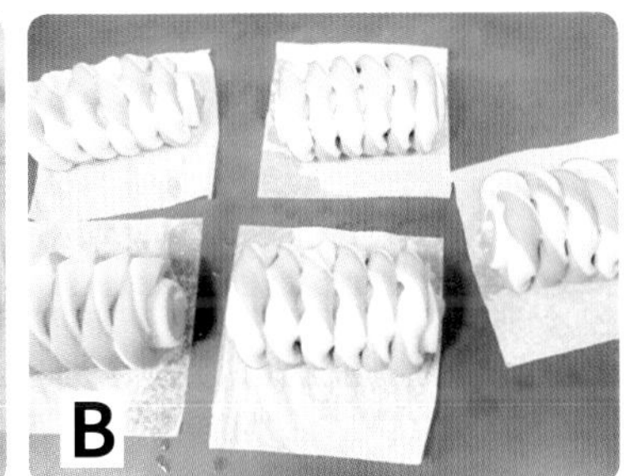

B

❸ **表面平滑**——發酵好的饅頭或是花捲（圖 **A**），表面會變得膨鬆柔軟且較為平滑，紋路也會變得模糊。

發酵前

A

❹ **按壓慢慢回彈**——用手指輕輕按壓饅頭側面（圖 **C**），如果很快回彈代表發酵不足；慢慢回彈則表示發酵完成（圖 **D**）；至於按下後不會回彈，則表示發酵過頭（圖例是慢慢回彈中，如果是發酵過頭，按下會成一個凹洞）。

C

D

F. 蒸製

❶ **水量**——不管用竹蒸籠或是用不鏽鋼蒸籠，蒸鍋內放大火蒸 20 分鐘不會燒乾的水量就足夠，一般家用瓦斯爐蒸鍋約放 2,500 ～ 3,000 克的水，約大火煮 5 ～ 7 分鐘就能煮滾；水太多，蒸籠水氣太接近饅頭會讓饅頭底部潮濕，影響成品外觀。

約放 2,500 ～ 3,000 克的水

❷ **火力**——蒸的火力大小，以家用瓦斯爐來說，用中大火較理想，蒸出來的表面較有光澤，但是商用瓦斯火力較大時就要找到適合的火力，蒸的層數愈多，火力愈大，看鍋蓋飄出一縷縷輕輕的白煙即可。如果飄出來的煙很大、很急促，就要調整火力大小，否則水蒸氣太強，饅頭表面很容易被水滴到，出爐後會水滴的滴痕。

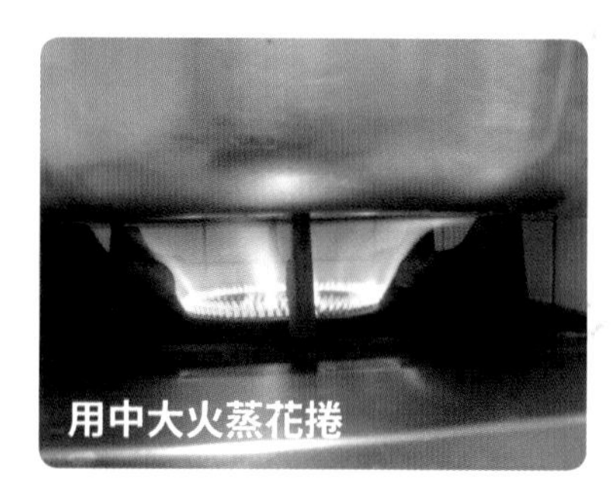
用中大火蒸花捲

❸ **包布**——煮水時蒸籠蓋子上都是水蒸氣，必須擦乾，免得滴在饅頭、花捲上，影響產品美觀。用不鏽鋼蒸籠時可以包塊布（圖**A**或省略），邊上放上一根筷子；也可以將廚房紙巾對折 2 次（圖**B**），夾在邊上，讓熱氣散出，水蒸氣較不易凝結在鍋蓋上。如果用竹蒸籠就不需上述這些手續。

如果不鏽鋼蒸籠要蒸兩籠以上，蒸籠跟蒸籠間也要加塊布（圖**C**），以免水氣滴到下一層的饅頭、花捲上，也可以將布鋪在蒸籠裡，重要的是布一定要是乾的，如果是濕布，則必須擰乾再用，否則上層的會蒸不熟。

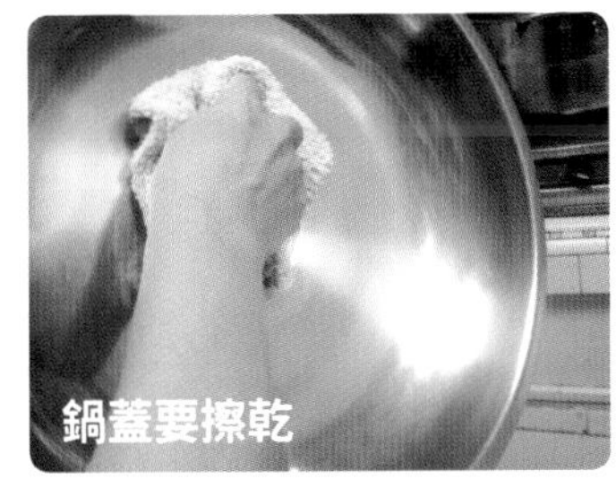

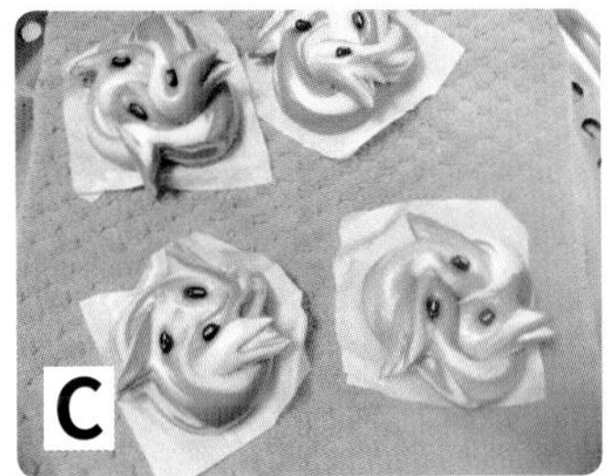

❹ **燜蒸**——蒸製的時間到，可以關火後再燜 2～3 分鐘。現在的麵粉蛋白質含量比以往的麵粉高，馬上開蓋的話，饅頭、花捲容易縮小，等待 2～3 分鐘，形狀就容易固定。蒸好的饅頭、花捲，開蓋後記得用手指輕壓一下（圖**D**），會彈回代表熟了，按下就留著壓痕，表示沒熟，蓋上鍋蓋，再蒸 3～5 分鐘就可以了，千萬不能等涼了發現不熟，再蒸也蒸不熟了。

Part 2 40款造型花捲大集合

金黃麥穗花捲

份量
6個

秋收的喜悅，
都在黃澄澄的美景裡。

材料 Recipe!

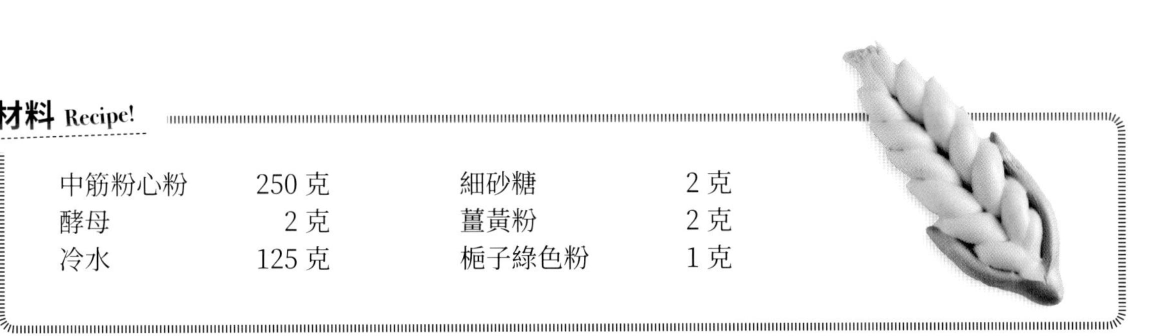

中筋粉心粉	250 克	細砂糖	2 克
酵母	2 克	薑黃粉	2 克
冷水	125 克	梔子綠色粉	1 克

做法 step by step!

A. 攪拌 & 揉製

1. 將中筋粉心粉、酵母、冷水及細砂糖放入鋼盆中，依P.14「麵團練功密技」的「攪拌」、「揉製」過程，將麵團揉至光滑。

B. 調色

2. 將揉製好的麵團，取出 300 克，加入薑黃粉，揉成光滑的黃色麵團備用。

3. 剩下的白色麵團加入梔子綠色粉，揉成光滑的綠色麵團備用。

C. 整型

4. 將黃色及綠色麵團分別搓長後，將黃色麵團分割成 6 份，每份 50 克；綠色麵團也平均分成 6 等份。

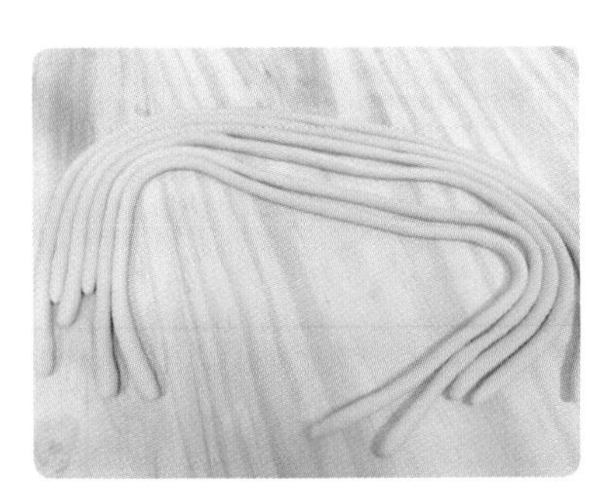

5. 將每個黃色麵團搓長至 60 公分。

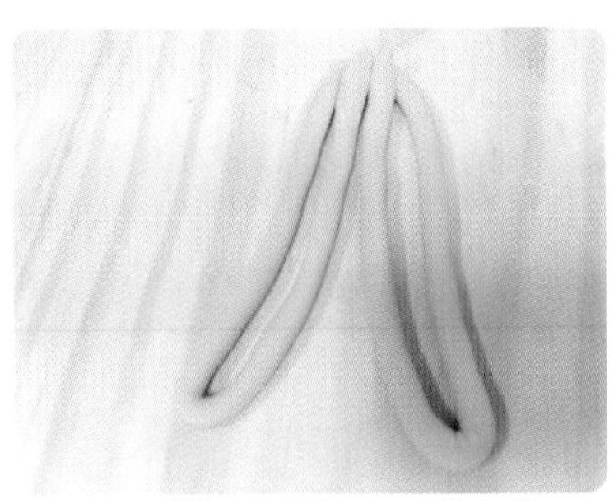

6. 將頭尾兩端拉到正中間。

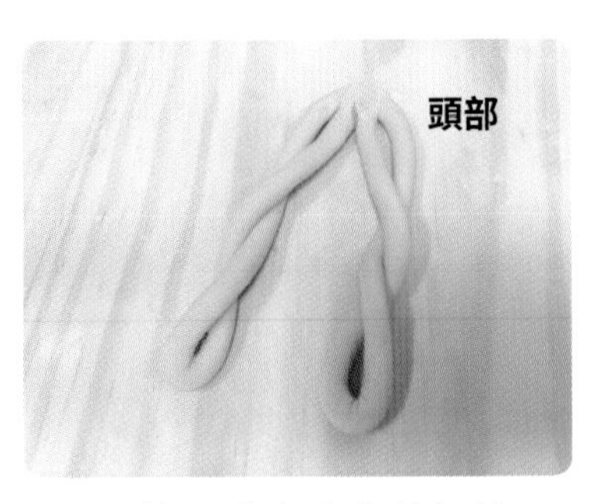

7. 兩端同時由內向外扭轉，也可以由外向內扭轉，最後頭尾的方向會不同，並不影響成形。

8. 將頭尾兩處分別捏合，前端弄尖一些。

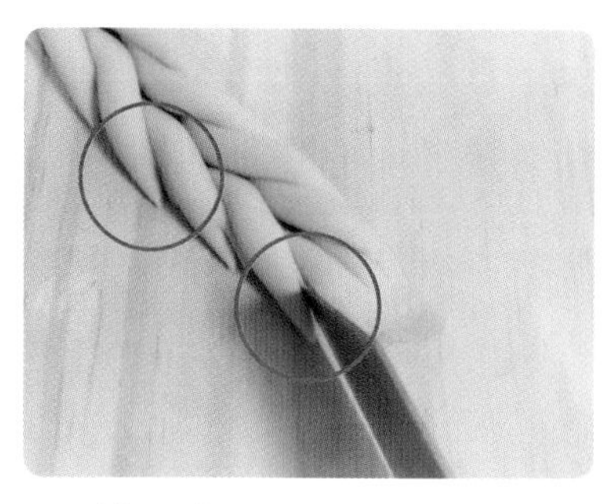

9. 接口處以刀子切開，做出麥穗形狀。

10. 再將尾部的前端尖處，以小刀切出細絲，做成麥穗頭。

11. 綠色麵團揉成長梭形，壓扁後，預留中間黏合位置，前後端以刮刀壓上紋路，做成葉子備用。

12. 葉子做好貼在麥穗的頭部，作品完成，準備進入最後發酵。

D. 最後發酵

13. 依 P.18「麵團練功密技」的「最後發酵」過程，完成發酵狀態。

E. 蒸製

14. 依 P.20「麵團練功密技」的「蒸製」過程，水滾後，以中大火蒸 12 分鐘即可。

15. 金黃麥穗完成。

漢克老師小叮嚀

步驟 **5** 將黃色麵團搓成長條時，如果發現不易搓長、容易打滑，可在手掌沾少許的水再搓就容易多了。但切記不要沾太多水，否則麵條因為太濕變得不夠光滑，蒸出來也不好看。

樹葉花捲

份量 6個

一白一綠，交織出春天的顏色。

材料 Recipe!

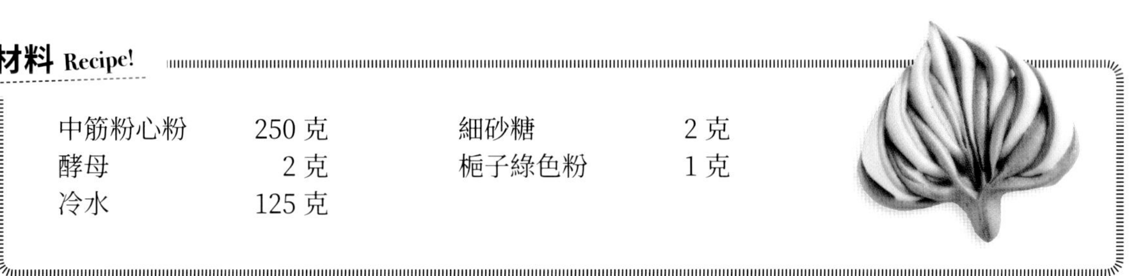

中筋粉心粉	250 克	細砂糖	2 克
酵母	2 克	梔子綠色粉	1 克
冷水	125 克		

做法 step by step!

A. 攪拌 & 揉製　**B.** 調色　**C.** 整型

1. 將中筋粉心粉、酵母、冷水及細砂糖放入鋼盆中，依P.14「麵團練功密技」的「攪拌」、「揉製」過程，將麵團揉至光滑。

2. 將揉製好的麵團，取出 240 克，加入梔子綠色粉，揉成光滑的綠色麵團備用。

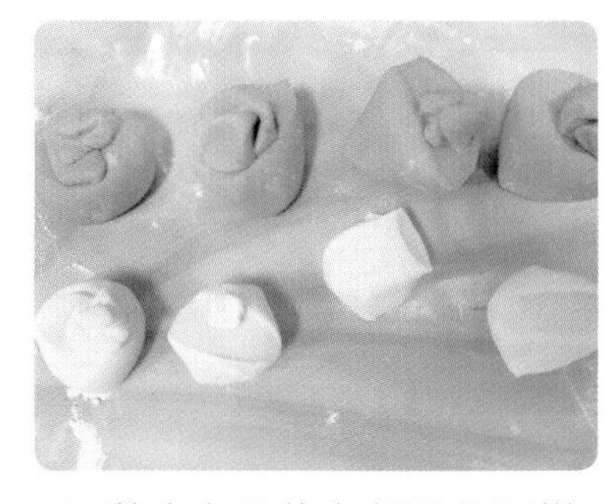

3. 將白色及綠色麵團分別搓長後，各分成 6 等份，綠色麵團每份 40 克；白色麵團每份 23 克，分割好滾圓備用。

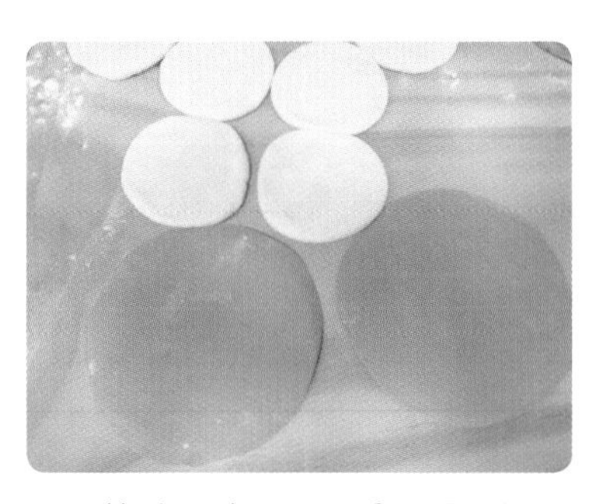

4. 將滾圓麵團壓扁，分別以擀面棍將麵團擀成圓形，綠色麵皮直徑約 8 公分；白色麵皮直徑約 3 公分。

5. 將白色麵皮放在綠色麵皮上。

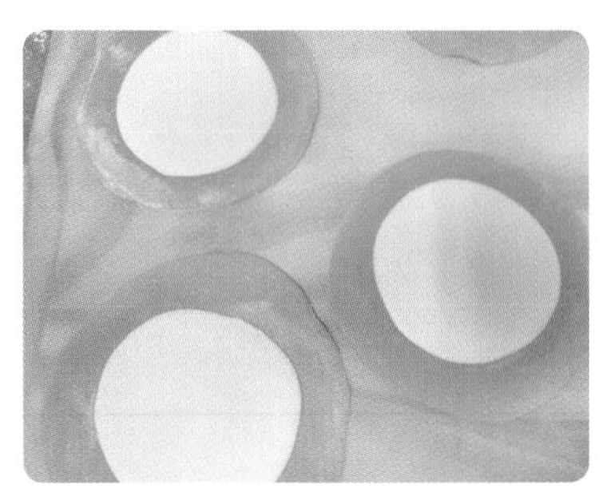

6. 再用擀麵棍擀開至直徑約 12 公分。

7.將每個麵皮均分成4等份。

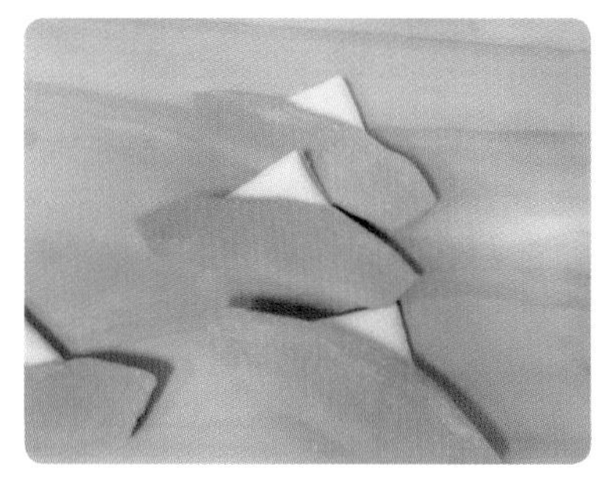

8. 取每一小份的麵皮，將綠色麵皮往上折起。

9. 依序將 4 份如圖例排成一列。

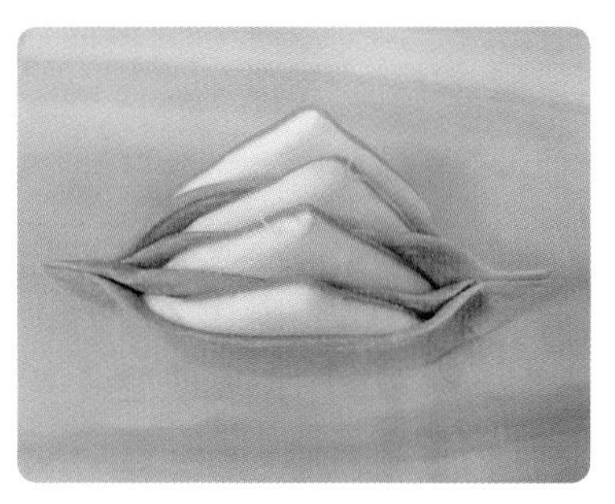

10. 將兩端綠色部分捏合。

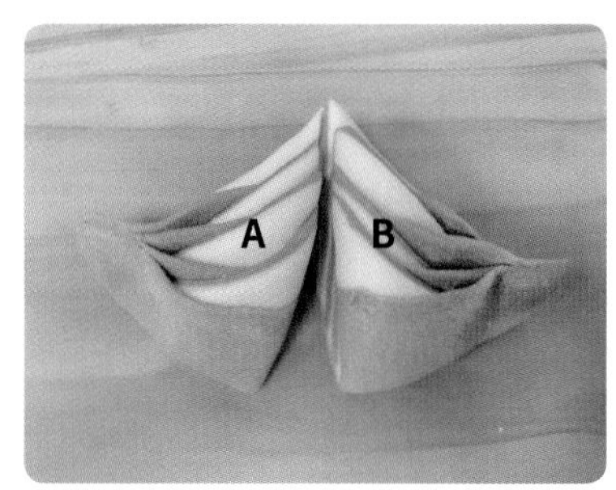

11. 用刀子對準麵皮的尖點往下對切成 **A**、**B** 兩份。

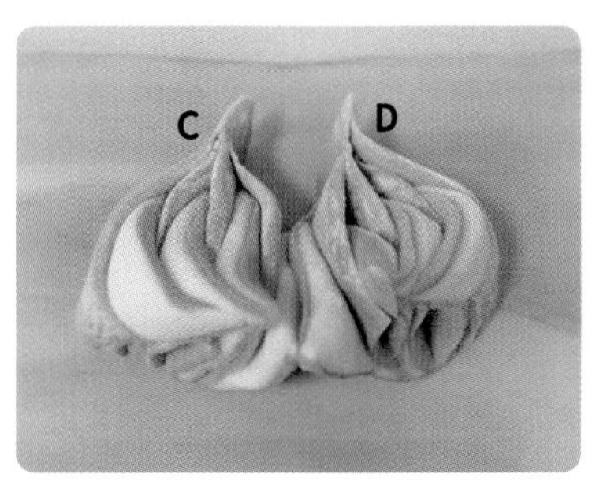

12. 切口朝下，**A**、**B** 兩兩合併，將 **C**、**D** 兩處捏緊成葉柄，切口處左右兩邊的麵皮略微整成尖形即可，不要刻意將麵皮拉長。

13. 原本綠色部分，則略微拉長調整，讓形狀更完美，作品完成，準備進入最後發酵。

D. 最後發酵

14. 依 P.18「麵團練功密技」的「最後發酵」過程，完成發酵狀態。

E. 蒸製

15. 依 P.20「麵團練功密技」的「蒸製」過程，水滾後，以中大火蒸 12 分鐘，熄火後再燜 2 分鐘即可。

16. 樹葉花捲完成。

漢克老師小叮嚀

在步驟 **4** 及步驟 **6** 擀麵皮時，桌上及麵皮上都要撒少許的粉，擀開的過程中，麵皮才不會因為力道太大黏在桌上。桌上不撒粉，皮也很難將麵皮擀大。

鯉魚花捲

份量 6個

胖胖的模樣，讓人忍不住想多吃一尾。

材料 Recipe!

中筋粉心粉	250 克	細砂糖	2 克
酵母	2 克	紅麴粉	3 克
冷水	125 克	黑芝麻粒	6 粒

做法 step by step!

A. 攪拌 & 揉製

1. 將中筋粉心粉、酵母、冷水及細砂糖放入鋼盆中，依P.14「麵團練功密技」的「攪拌」、「揉製」過程，將麵團揉至光滑。

B. 調色

2. 將揉製好的麵團，取出一半，加入紅麴粉，揉成光滑的紅色麵團備用。

C. 整型

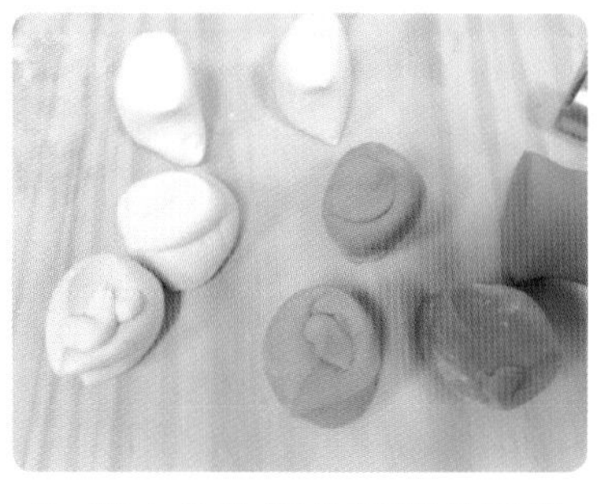

3. 將白色及紅色麵團分別搓長後，分別切割成 6 份，每份 30 克，滾圓後備用。

4. 將滾圓好的麵團，以擀麵棍擀成約 12 公分長的橢圓形麵片。

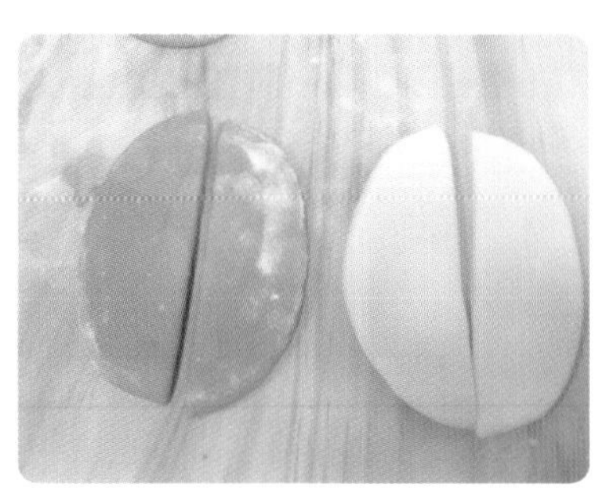

5. 將每個麵片切成 2 等份。

6. 紅白麵片各半結合成一個完整的橢圓麵片，中間稍微黏合住。

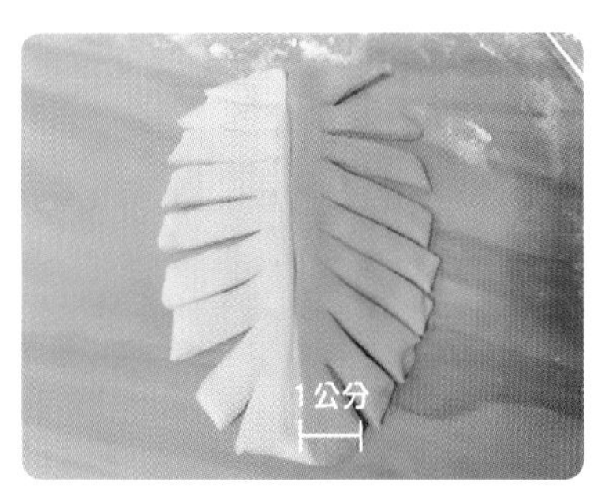

7. 左右麵片，約每 0.8 公分寬斜切一刀，底部約留 1 公分不切。

8. 將切割好的麵皮，右邊的麵片往左翻；左邊的麵片向右翻，依序做完。

9. 最後預留的 1 公分麵皮，用叉子壓出魚尾的紋路。

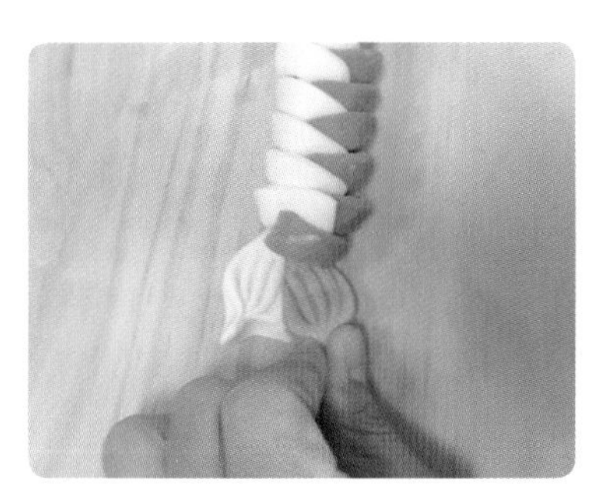

10. 再用手捏緊，做出魚尾的模樣。

11. 頭部黏上一顆黑芝麻粒，作品完成，準備進入最後發酵。

D. 最後發酵

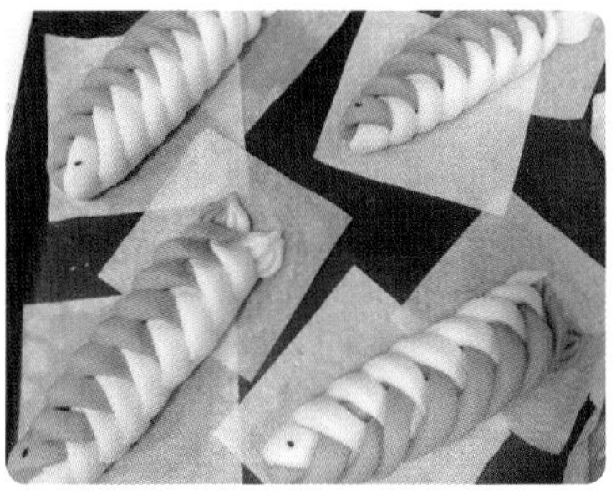

12. 依 P.18「麵團練功密技」的「最後發酵」過程，完成發酵狀態。

E. 蒸製

13. 依 P.20「麵團練功密技」的「蒸製」過程，水滾後，以中大火蒸 12 分鐘，熄火後再燜 2 分鐘即可。

14. 鯉魚花捲完成。

漢克老師小叮嚀

這款花捲也可以加一根火腿，增加風味。只要在步驟 **8** 先放上火腿，再開始左右麵皮交叉即可。

漩渦花捲

轉轉轉，隨著漩渦把煩惱都轉掉！

漩渦花捲．做法 step by step!

材料 Recipe!

中筋粉心粉	250 克
酵母	2 克
冷水	125 克
細砂糖	2 克
蝶豆花粉	2 克
紅棗	6 顆

A. 攪拌 & 揉製

1. 將中筋粉心粉、酵母、冷水及細砂糖放入鋼盆中，依 P.14「麵團練功密技」的「攪拌」、「揉製」過程，將麵團揉至光滑。

B. 調色

2. 將揉製好的麵團，取出 190 克，加入蝶豆花粉，揉成光滑的藍色麵團備用。

C. 整型

3. 將藍色及白色麵團分別搓長後，分別切割成 6 份，每份 30 克，滾圓備用。

4. 將滾圓好的麵團用手略微壓扁後，以擀麵棍擀成直徑約 8 公分的圓麵皮。

5. 將每個擀圓的麵皮平均切成 8 等份。

6. 不同顏色以圖例方式交疊一起，每個顏色各 8 片。

7. 以筷子從中間壓下。

8. 將兩端的麵皮都往上拉起，再捏合在一起。

D. 最後發酵

E. 蒸製

9. 再將捏尖的兩端黏合捏在一起，中間塞入一顆紅棗，作品完成，準備進入最後發酵。

10. 依 P.18「麵團練功密技」的「最後發酵」過程，完成發酵狀態。

11. 依 P.20「麵團練功密技」的「蒸製」過程，水滾後，以中大火蒸 12 分鐘，熄火後再燜 2 分鐘即可。

12. 漩渦花捲完成。

漢克老師小叮嚀

步驟 **6** 也也可以在步驟 **4** 之後，將藍、白麵片疊在一起，再擀成直徑約 10 公分的麵皮，每個雙層麵皮切割成 8 等份，將這 8 等份直接相互交疊，再依步驟 **7** ～ **11** 完成作品（如圖）。

花團錦簇花捲

份量
6個

隨心所欲，左扭右轉，
捲出花團錦簇！

材料 Recipe!

中筋粉心粉	250 克	細砂糖	2 克
酵母	2 克	薑黃粉	2 克
冷水	125 克		

做法 step by step!

A. 攪拌 & 揉製

1. 將中筋粉心粉、酵母、冷水及細砂糖放入鋼盆中，依P.14「麵團練功密技」的「攪拌」、「揉製」過程，將麵團揉至光滑。

B. 調色

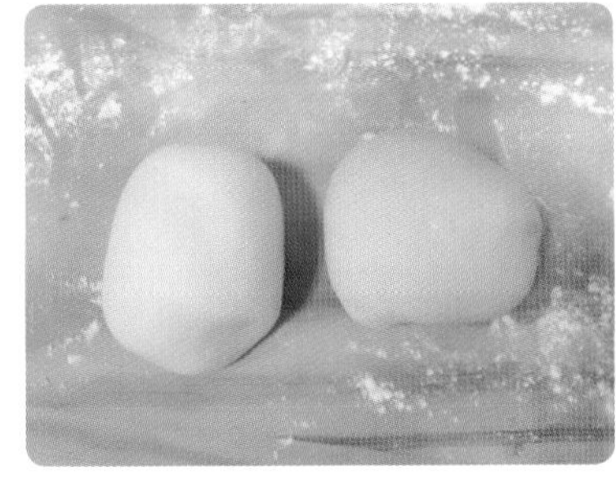

2. 將揉製好的麵團，取出 190 克，加入薑黃粉，揉成光滑的黃色麵團備用。

C. 整型

3. 將黃色及白色麵團分別搓長後，分別切割成 6 份，每份 30 克，滾圓後備用。

4. 將滾圓好的麵團壓扁，以擀麵棍擀成直徑約 8 公分的圓麵皮。

5. 將黃色麵皮放在白色麵皮上面。

6. 再以擀麵棍擀開成直徑約 10 公分大小的圓麵皮。

7. 將每張麵皮均切成 4 等份。

8. 將 4 等份的麵皮，按圖示順序擺放好。

9. 再以筷子從麵皮中間往下壓。

10. 再把兩端尖的部分往上捏合一下，將筷子放在尖端處往下壓。

11. 筷子再往中間擠壓，做出花的形狀。

12. 稍微整理一下，作品完成，準備進入最後發酵。

D. 最後發酵

13. 依 P.18「麵團練功密技」的「最後發酵」過程，完成發酵狀態。

E. 蒸製

14. 依 P.20「麵團練功密技」的「蒸製」過程，水滾後，以中大火蒸 12 分鐘，熄火後再燜 2 分鐘即可。

15. 花團錦簇花捲完成。

漢克老師小叮嚀

步驟 **10**、**11** 剛開始做時，造型不容易捲得好看。需要多嚐試幾次，才能整出漂亮的形狀。

福結花捲

秋收的喜悅，
都在黃澄澄的美景裡。

材料 Recipe!

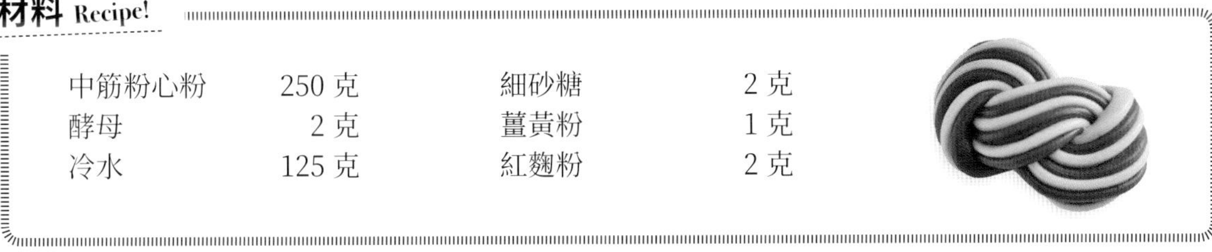

中筋粉心粉	250 克	細砂糖	2 克
酵母	2 克	薑黃粉	1 克
冷水	125 克	紅麴粉	2 克

做法 step by step!

A. 攪拌 & 揉製

1. 將中筋粉心粉、酵母、冷水及細砂糖放入鋼盆中，依P.14「麵團練功密技」的「攪拌」、「揉製」過程，將麵團揉至光滑。

B. 調色

2. 將光滑麵團切成兩半，其中一份加入薑黃粉揉成黃色麵團；另一半加入紅麴粉，揉成紅色麵團備用。

C. 整型

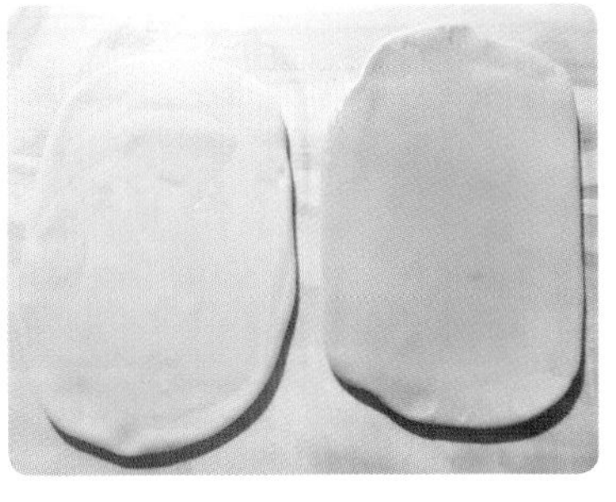

3. 將兩份麵團分別擀長擀寬，擀成相同大小，在麵皮上刷上沙拉油備用。

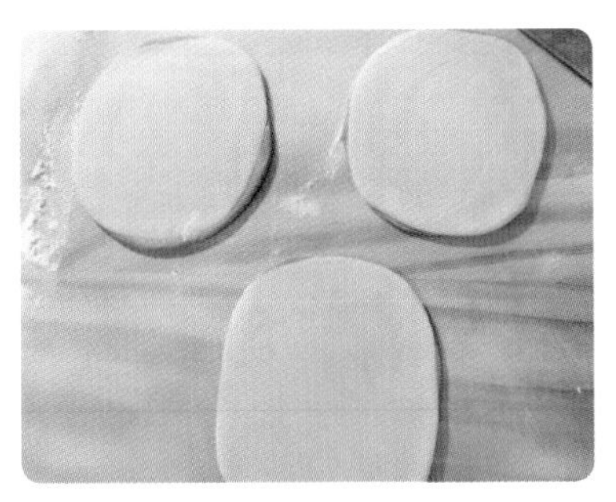

4. 將兩色麵皮疊在一起。

5. 以刀子每隔 0.5 公分切一刀。

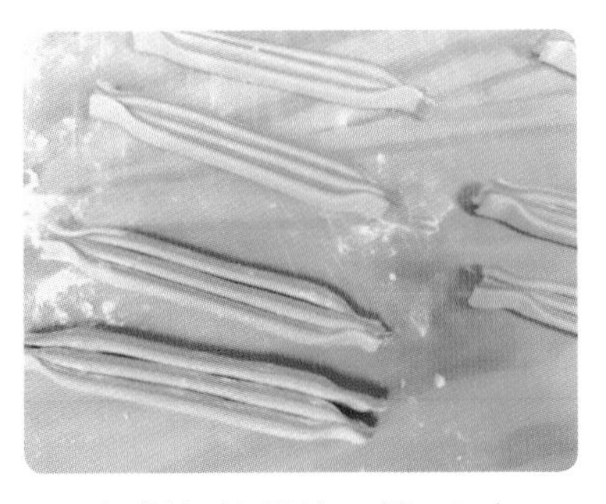

6. 切割好的麵條，轉 90 度，讓切面的線條露出，並將 3 條擺在一起，上下捏緊，慢慢拉長到約 16 公分。

7. 取兩條拉長至 16 公分的麵團交叉擺好。

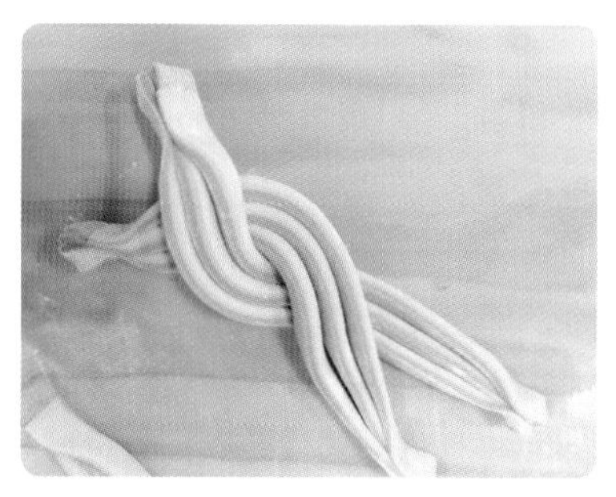

8. 下方先交叉，將左邊壓到右邊之上。

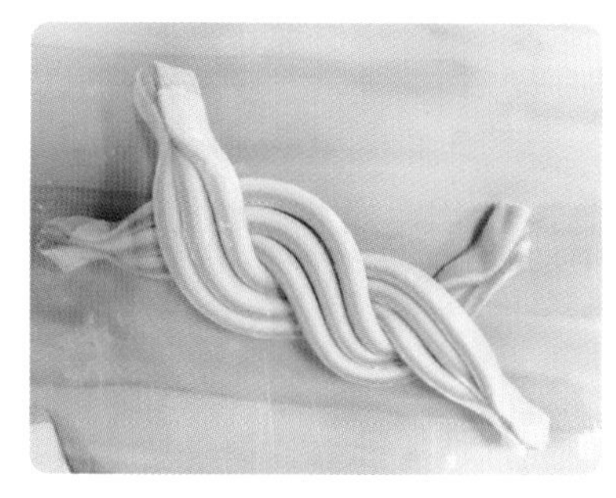

9. 上方再交叉，右邊壓在左邊之上，並將兩端接口捏緊。

10. 將下方兩端接口捏合起來。

11. 作品略微整理一下，準備做最後發酵。

D. 最後發酵

12. 依 P.18「麵團練功密技」的「最後發酵」過程，完成發酵狀態。

E. 蒸製

13. 依 P.20「麵團練功密技」的「蒸製」過程，水滾後，以中大火蒸 12 分鐘，熄火後再燜 2 分鐘即可。

14. 福結作品完成。

漢克老師小叮嚀

上油的目的是蒸製過後紋路仍然可以清楚，若沒有上油，蒸完後就沒有線條感。

捧心花捲

份量 6個

把你捧在手心，細心地呵護著、保護著你。

捧心花捲・做法 step by step!

材料 Recipe!

中筋粉心粉	250 克
酵母	2 克
冷水	125 克
細砂糖	2 克
蝶豆花粉	2 克

A. 攪拌 & 揉製

1. 將中筋粉心粉、酵母、冷水及細砂糖放入鋼盆中，依 P.14「麵團練功密技」的「攪拌」、「揉製」過程，將麵團揉至光滑。

B. 調色

2. 將光滑麵團切成兩半，其中一份加入蝶豆花粉，揉成藍色麵團備用。

C. 整型

3. 將藍色及白色麵團分別搓長後，分別切割成 6 份，每份 30 克，滾圓後備用。

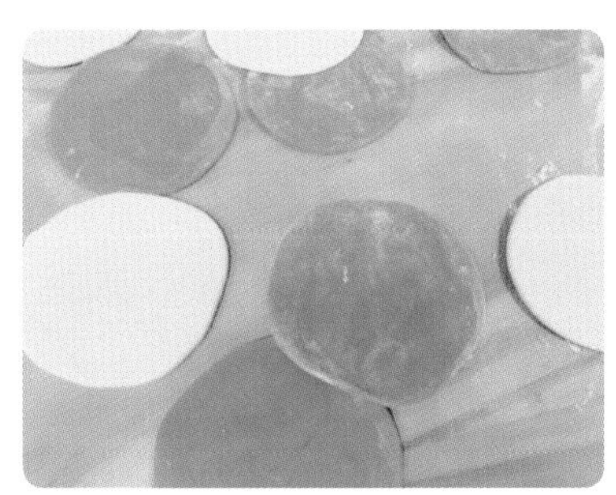

4. 將滾圓好的麵團壓扁，以擀麵棍擀成直徑約 8 公分的圓片。

5. 將藍、白兩色麵皮疊在一起。

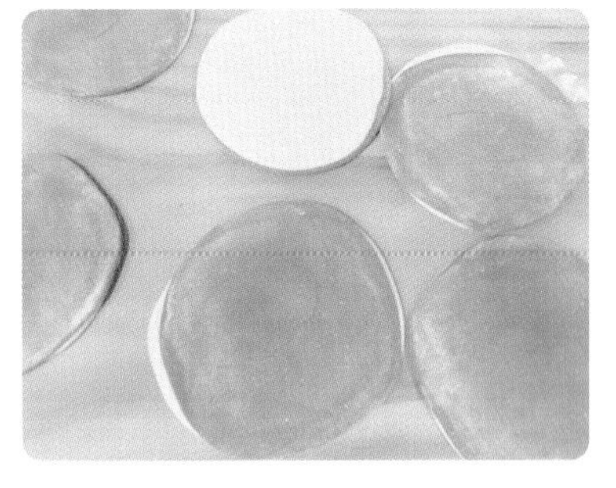

6. 再以擀麵棍擀開成直徑約 12 公分大小的圓麵皮。

7. 將每張麵皮均切成 4 等份。

8. 將 4 等份的麵皮，按圖示堆疊起。

9. 參照圖例方式，以筷子從中間往下壓。

10. 將下方尖端的麵皮依序往上翻起，再用筷子對中壓下。

11. 將花捲弧面面向自己，將右下方的麵皮逐一往上翻，再以筷子對準尖端往下壓。

12. 另一邊以同樣的方式完成。

13. 兩雙筷子的前緣往中間收攏，讓前方成尖形（紅圈處）。

14. 再把尖形處（紅圈處）捏合，準備做最後發酵作品完成，。

D. 最後發酵

15. 依 P.18「麵團練功密技」的「最後發酵」過程，完成發酵狀態。

E. 蒸製

16. 依 P.20「麵團練功密技」的「蒸製」過程，水滾後，以中大火蒸 12 分鐘，熄火後再燜 2 分鐘即可。

17. 捧心花捲完成。

蝸牛花捲

份量
8個

蝸牛蝸牛，往上爬，
等待陽光靜靜看！

材料 Recipe!

中筋粉心粉	300 克	梔子黃色粉	1 克
酵母	3 克	梔子紫色粉	1 克
冷水	160 克	綠豆	8 粒

做法 step by step!

A. 攪拌 & 揉製

1. 將中筋粉心粉、酵母、冷水及細砂糖放入鋼盆中，依 P.14「麵團練功密技」的「攪拌」、「揉製」過程，將麵團揉至光滑。

B. 調色

2. 將光滑麵團分成 3 等份，其中一份加入梔子黃色粉，揉成黃色麵團；另一半加入梔子紫色粉，揉成紫色麵團備用。

C. 整型

3. 將各色麵團搓長，分別分割成 20 ～ 22 克，3 色麵團各成一組備用。

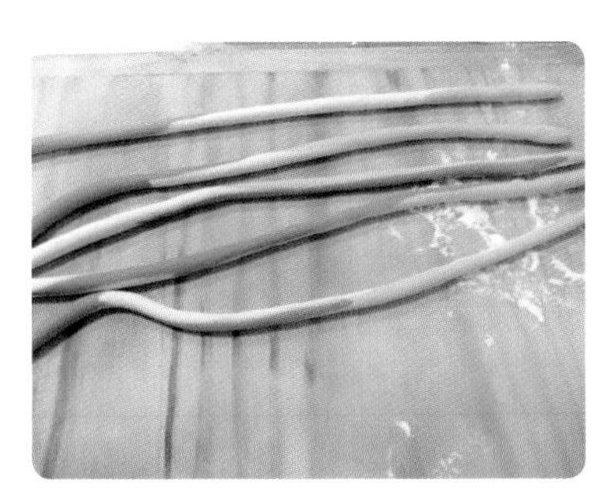

4. 將步驟 **3** 的三色麵團一起搓長至 35 ～ 40 公分。

5. 由尾端開始轉三圈左右。

6. 前端預留約 3 公分，並在最上端 1 公分，取刀由中間切開。

7. 切開的地方，以手將麵團拉長些，並在前端往下約 3 公分處斜切一刀。

8. 在蝸牛的右邊往下約 2/3 的地方捏出尾巴。

9. 在蝸牛的頭上，塞顆綠豆做眼睛。作品完成，準備進入最後發酵。

D. 最後發酵

10. 依 P.18「麵團練功密技」的「最後發酵」過程，完成發酵狀態。

E. 蒸製

11. 依 P.20「麵團練功密技」的「蒸製」過程，水滾後，以中大火蒸 12 分鐘，熄火後再燜 2 分鐘即可。

12. 蝸牛花捲完成。

漢克老師小叮嚀

✓ 這配方並沒有加糖，如果想加糖的讀者，可以加約 3 公克左右。

✓ 綠豆要把種臍（綠豆表皮的那條線）露出來，才有眼睛的樣子。

捲捲花捲

份量
6個

捲啊捲！捲啊捲！捲出一串串漂亮的花捲！

捲捲花捲．做法 step by step!

材料 Recipe!

中筋粉心粉	300 克
酵母	3 克
冷水	150 克
細砂糖	3 克
蝶豆花粉	2 克

A. 攪拌 & 揉製

1. 將中筋粉心粉、酵母、冷水及細砂糖放入鋼盆中，依 P.14「麵團練功密技」的「攪拌」、「揉製」過程，將麵團揉至光滑。

B. 調色

2. 將光滑麵團切成兩半，其中一份加入蝶豆花粉，揉成藍色麵團備用。

3. 分別將兩色麵團擀至 42 公分長、12 公分寬。

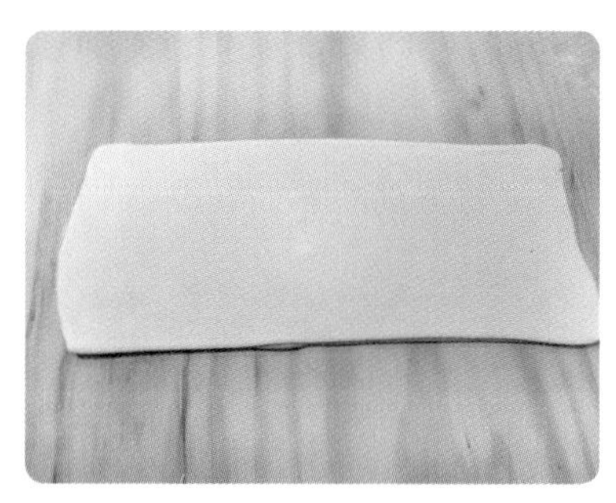

4. 擀長的麵片整齊地疊在一起。

5. 每 7 公分寬，以刀切開，總共可切 6 塊。

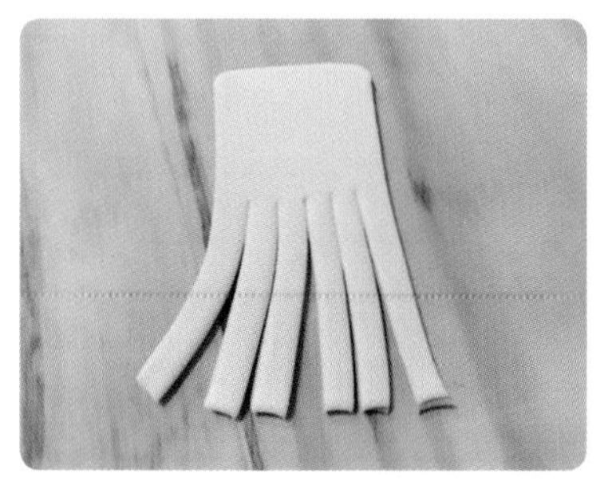

6. 由下往上量 7 公分處，切 5 刀大小一樣的麵條。

7. 用手捲麵條，約轉 2 ～ 3 圈即可，不要用力拉扯導致麵條變長。

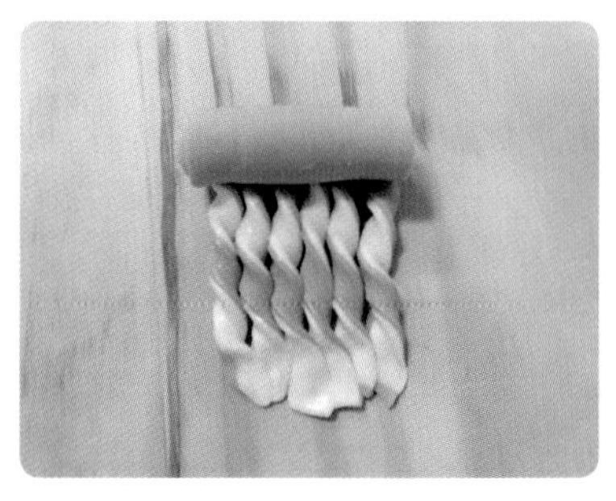

8. 捲好後，在捲的底部抹上一些水，由上往下捲起。

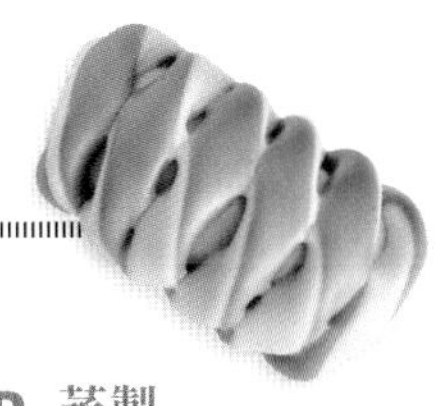

C. 最後發酵

D. 蒸製

9. 捲成圓柱狀，不要來回搓揉，否則花捲會變形，作品完成，準備進入最後發酵。

10. 依 P.18「麵團練功密技」的「最後發酵」過程，完成發酵狀態。

11. 依 P.20「麵團練功密技」的「蒸製」過程，水滾後，以中大火蒸 12 分鐘，熄火後再燜 2 分鐘即可。

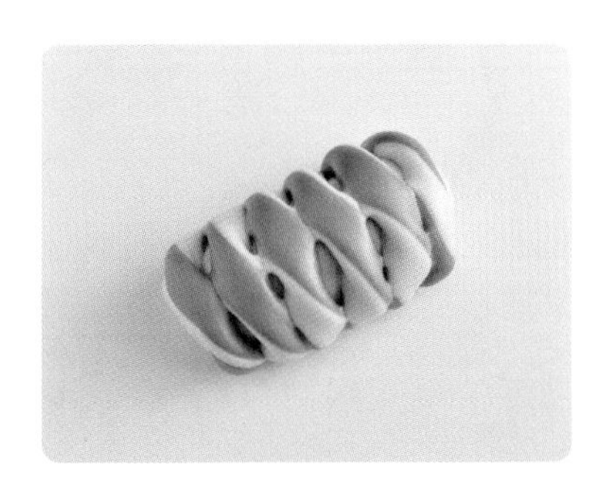

12. 捲捲花捲完成。

祝福花捲

份量
6個

把我的祝福捲起來，送給你！

材料 Recipe!

中筋粉心粉	250 克	細砂糖	2 克
酵母	2 克	薑黃粉	2 克
冷水	125 克		

做法 step by step!

A. 攪拌 & 揉製

1. 將中筋粉心粉、酵母、冷水及細砂糖放入鋼盆中，依P.14「麵團練功密技」的「攪拌」、「揉製」過程，將麵團揉至光滑。

B. 調色

2. 將光滑麵團切出 190 克，加入薑黃粉揉成黃色麵團備用。

C. 整型

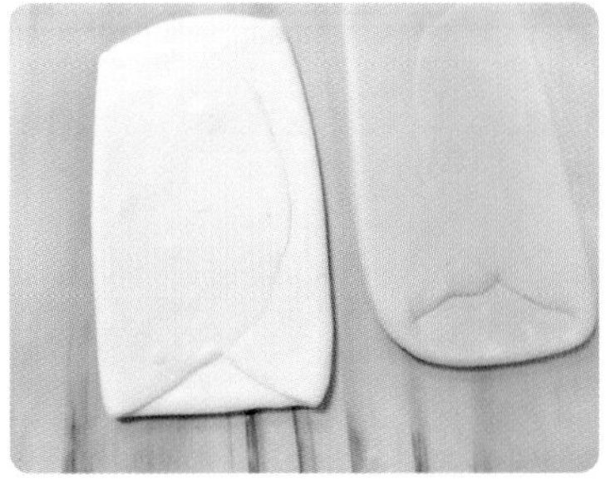

3. 將兩個麵團以擀麵棍擀成大致相同的長方形麵皮。

4. 把黃色麵皮貼在白色麵皮上，再擀成長 50 公分 × 寬 14 公分的長方形麵皮。

5. 切出 1.5 公分寬的長條。

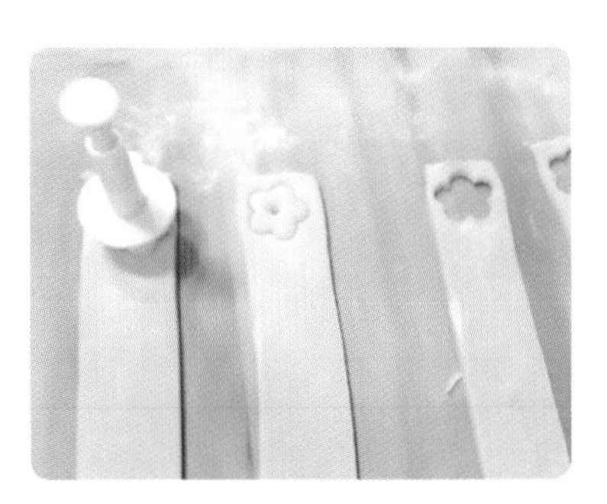

6. 用花模在麵皮最前端壓出花樣備用。

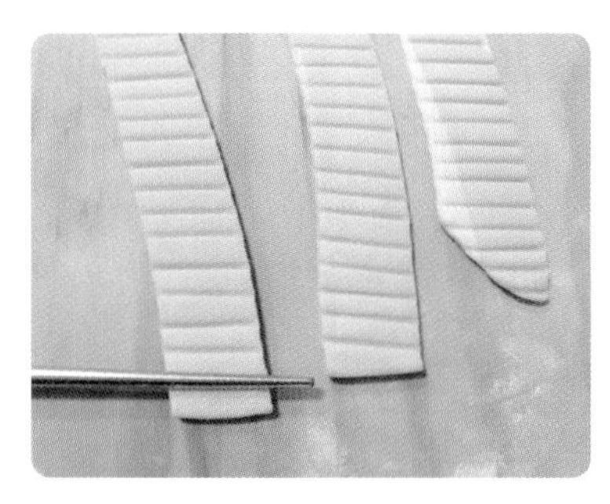

7. 黃色麵皮朝上，用筷子在麵皮上按壓出紋路。

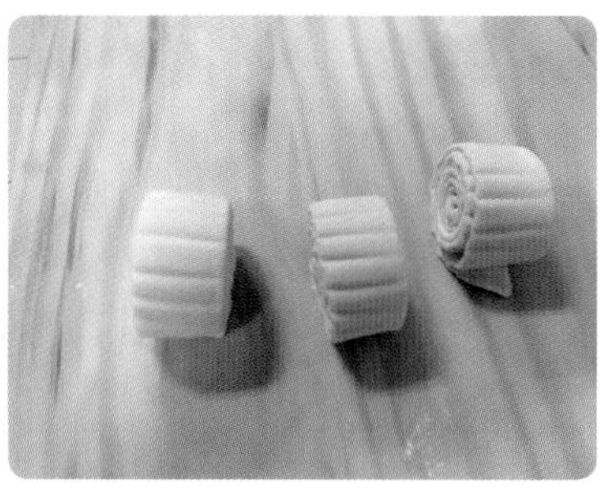

8. 翻面，麵皮從壓了花模的那一端慢慢滾捲起起來。

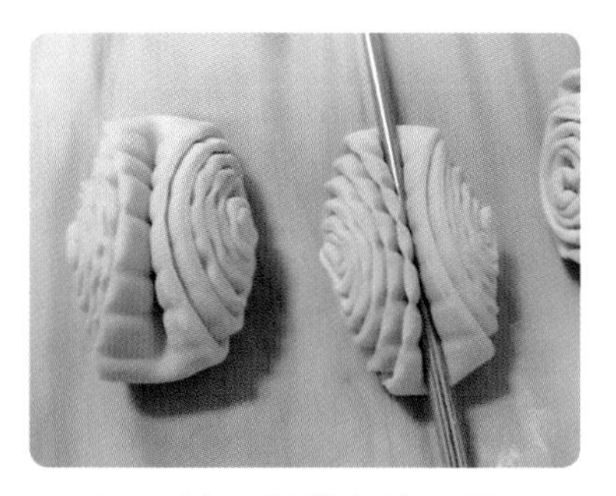

9. 再用筷子從縱向往下壓。

10. 用筷子從中間夾一下，做出花紋。

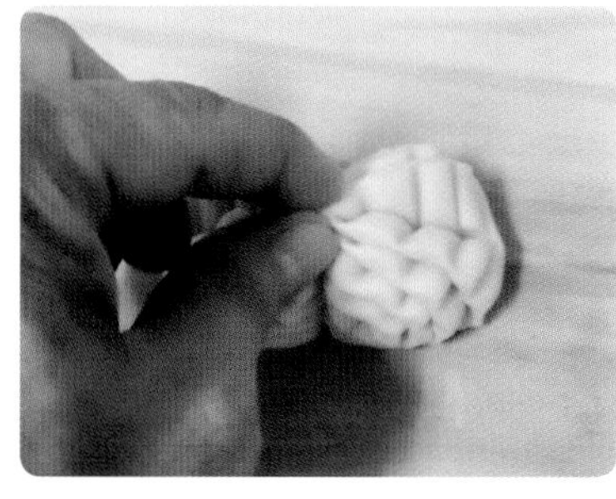

11. 用手把剛剛夾的地方捏下，防止發酵時被撐開，或用步驟 **6** 印出花形或星形，黏貼在接合處。

12. 稍微整理一下，作品完成，準備進入最後發酵。

D. 最後發酵

13. 依 P.18「麵團練功密技」的「最後發酵」過程，完成發酵狀態。

E. 蒸製

14. 依 P.20「麵團練功密技」的「蒸製」過程，水滾後，以中大火蒸 12 分鐘，熄火後再燜 2 分鐘即可。

15. 祝福花捲完成。

漢克老師小叮嚀

步驟 **7** 要用筷子按壓在呈現表面的麵皮，此款設計為黃色，所以要按在黃色上，若按在白色麵皮上，又被包裹起來，就看不出紋路了。

交錯編織花捲

份量
6個

用一點小技巧，就能把花捲做得不一樣！

材料 Recipe!

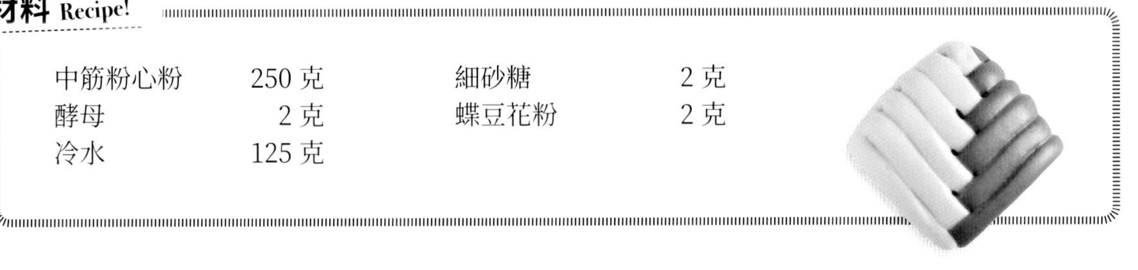

中筋粉心粉	250 克	細砂糖	2 克
酵母	2 克	蝶豆花粉	2 克
冷水	125 克		

做法 step by step!

A. 攪拌 & 揉製

1. 將中筋粉心粉、酵母、冷水及細砂糖放入鋼盆中，依P.14「麵團練功密技」的「攪拌」、「揉製」過程，將麵團揉至光滑。

B. 調色

2. 將光滑麵團切出 190 克，加入蝶豆花粉，揉成藍色麵團備用。

C. 整型

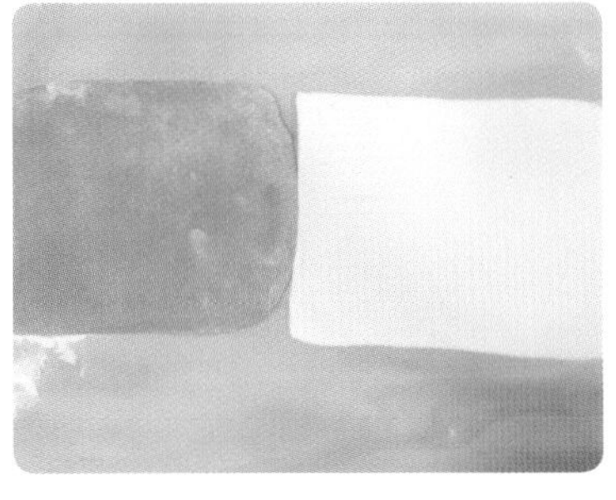

3. 將兩份麵團分別擀成長 18× 寬 12 公分，大小相同的麵皮備用。

4. 藍色及白色麵皮分別切成長 6 公分 × 寬 12 公分大小，各 3 片，共 6 片備用，將藍白麵皮各一黏合在一起。

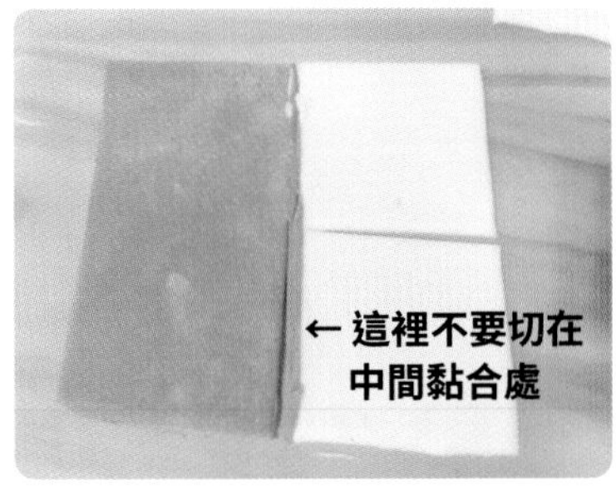

5. 在麵皮中間往右往下各切一刀，不要把中間黏合處切斷。

6. 右下角白色麵皮往左上藍色麵皮處蓋上。

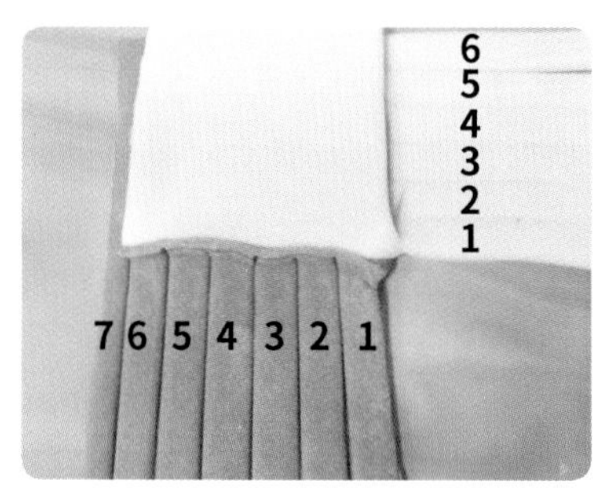

7. 把右上白色麵皮與左下藍色麵皮切成 1 公分左右長條，各切 5 ～ 6 刀。

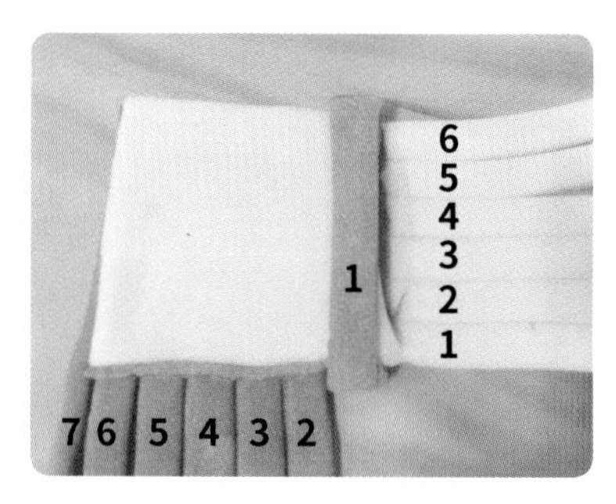

8. 把藍色麵條 **1** 往上鋪在白色麵皮上。

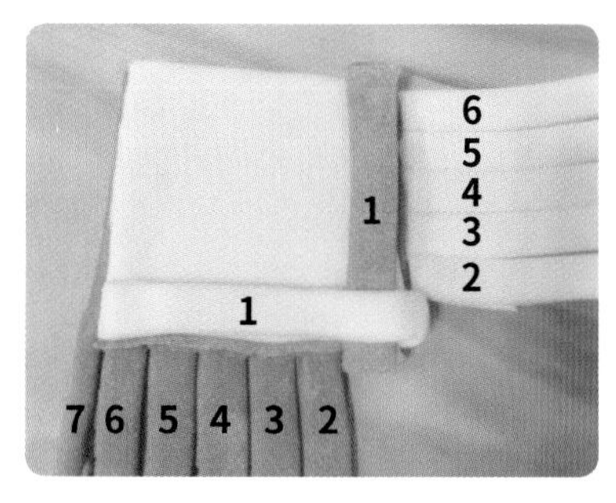

9. 再將白色麵條 **1** 往左交錯在藍 **1** 麵皮上。

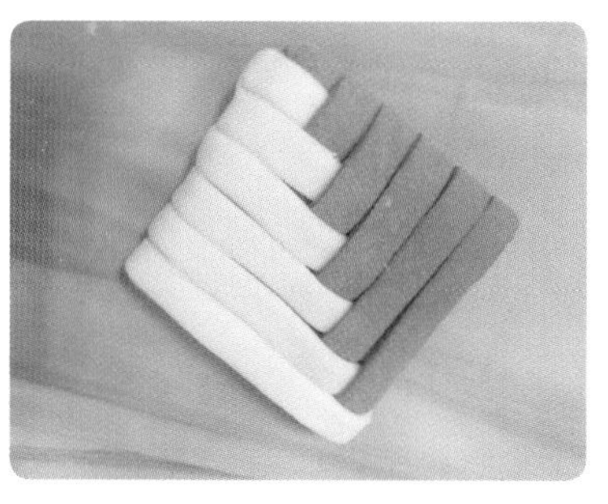

10. 依藍 **1** ＋白 **1**、藍 **2** ＋白 **2** 順序逐一交錯，依序完成即可。

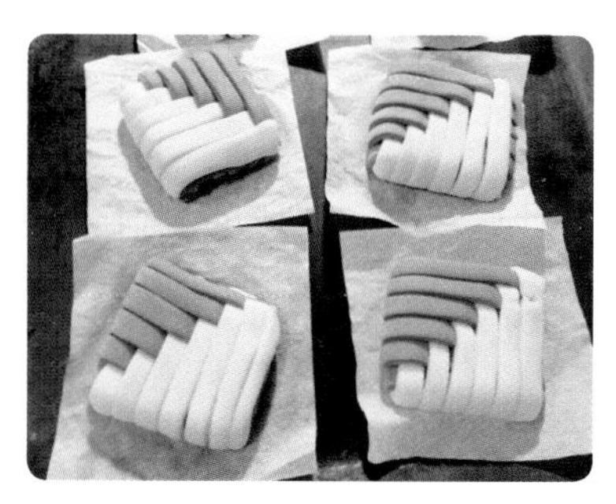

11. 將所有麵皮逐一完成，準備做最後發酵。

D. 最後發酵

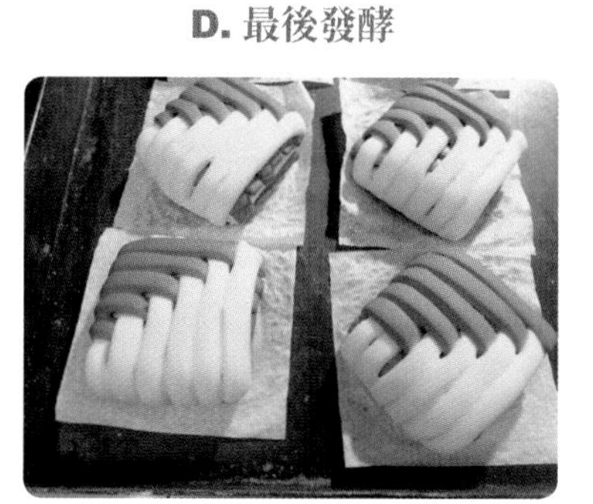

12. 依 P.18「麵團練功密技」的「最後發酵」過程，完成發酵狀態。

E. 蒸製

13. 依 P.20「麵團練功密技」的「蒸製」過程，水滾後，以中大火蒸 12 分鐘，熄火後再燜 2 分鐘即可。

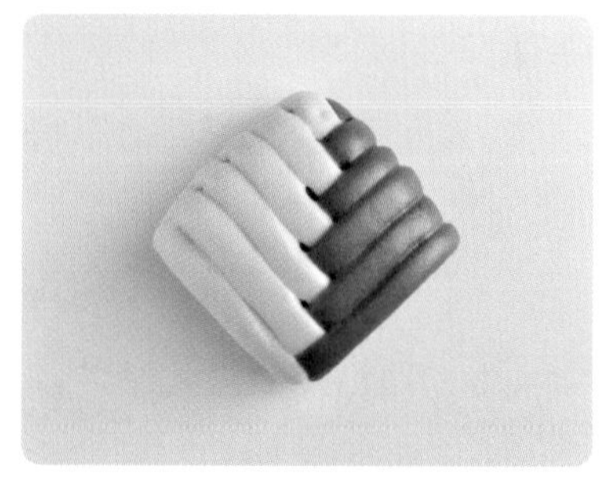

14. 交錯編織花捲完成。

漢克老師小叮嚀

✓ 步驟 **5** 要完全切斷藍色及白色麵皮，但不能將交叉的地方也切斷。

✓ 步驟 **7** 切斷的長條建議都抹上一點點水，但是刀切處不要抹到，以免黏住。抹水的目的是交錯編織時貼合度會較好，蒸好後，裂痕也不會太大。

雙心花捲

兩顆心在一起，甜甜蜜蜜我愛你！

雙心花捲・做法 step by step!

材料 Recipe!

中筋粉心粉	250 克
酵母	2 克
冷水	125 克
細砂糖	2 克
紅麴粉	3 克

A. 攪拌 & 揉製

1. 將中筋粉心粉、酵母、冷水及細砂糖放入鋼盆中，依 P.14「麵團練功密技」的「攪拌」、「揉製」過程，將麵團揉至光滑。

B. 調色

2. 將光滑麵團切成 2 等份，其中一份加入紅麴粉，揉成紅色麵團備用。

C. 整型

3. 將紅色及白色麵團分別搓長後，分別切割成 6 份，每份 30 克，滾圓後備用。

4. 將滾圓好的麵團壓扁，以擀麵棍擀成直徑約 8 公分的圓片。

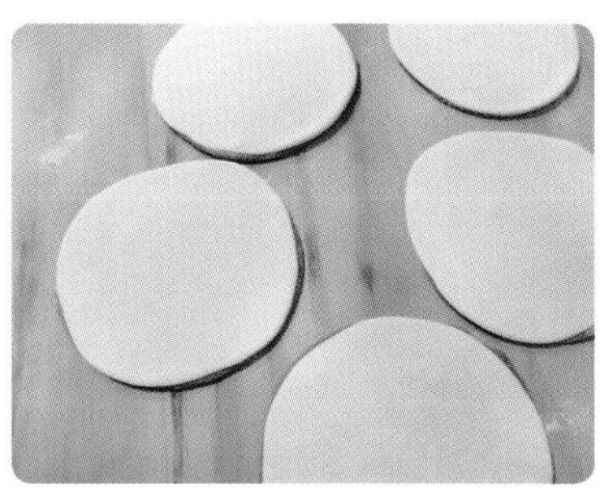

5. 將將白色、紅色麵皮疊在一起，再以擀麵棍擀開成直徑約 12 公分大小的圓麵皮。

6. 將每張麵皮均切成 8 等份。

7. 每 4 等份的麵皮，按圖示堆疊起。

8. 用筷子從最上面的麵皮中間處往下壓。

9. 按圖例方式，分別將兩份麵團由尖端往下壓，黏合起來。

10. 按圖例方式，黏合處兩兩相對，用筷子再夾緊。

11. 步驟 **10** 被夾緊的地方，以筷子由橫向往下壓，讓兩邊的麵皮往下不會倒即可。

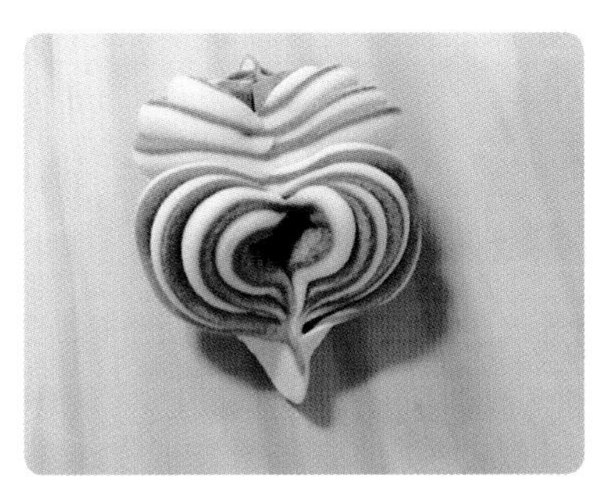

12. 再把上下兩個方向的麵皮捏成一個愛心形狀，作品完成，準備做最後發酵。

D. 最後發酵

13. 依 P.18「麵團練功密技」的「最後發酵」過程，完成發酵狀態。

E. 蒸製

14. 依 P.20「麵團練功密技」的「蒸製」過程，水滾後，以中大火蒸 12 分鐘，熄火後再燜 2 分鐘即可。

15. 雙心花捲作品完成。

漢克老師小叮嚀

從步驟 **9** 開始，動作越細緻，做出的愛心越完美，雙心的造型就越美麗。

時來運轉花捲

份量 5個

轉轉運，讓你遇到好機會，
由逆境轉到順境。

材料 Recipe!

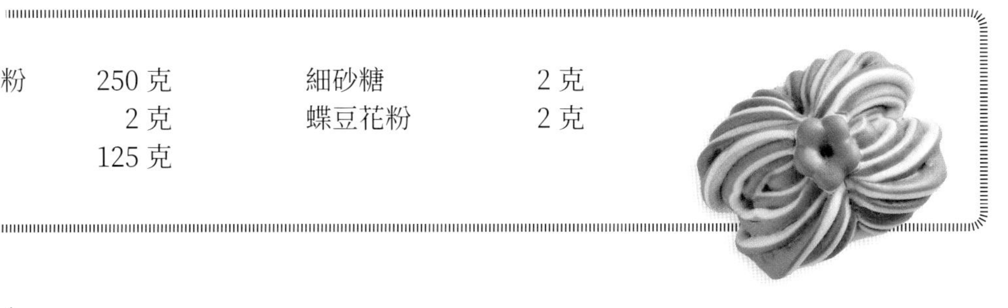

中筋粉心粉	250 克	細砂糖	2 克
酵母	2 克	蝶豆花粉	2 克
冷水	125 克		

做法 step by step!

A. 攪拌 & 揉製

1. 將中筋粉心粉、酵母、冷水及細砂糖放入鋼盆中，依P.14「麵團練功密技」的「攪拌」、「揉製」過程，將麵團揉至光滑。

B. 調色

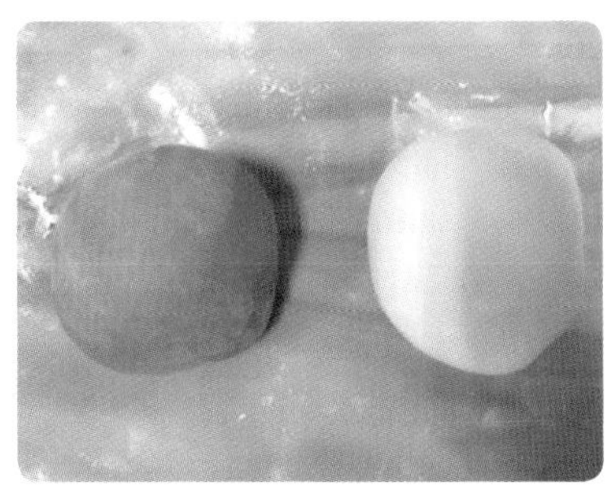

2. 將光滑麵團分割成 2 等份，其中一份加入蝶豆花粉，揉成藍色麵團備用。

C. 整型

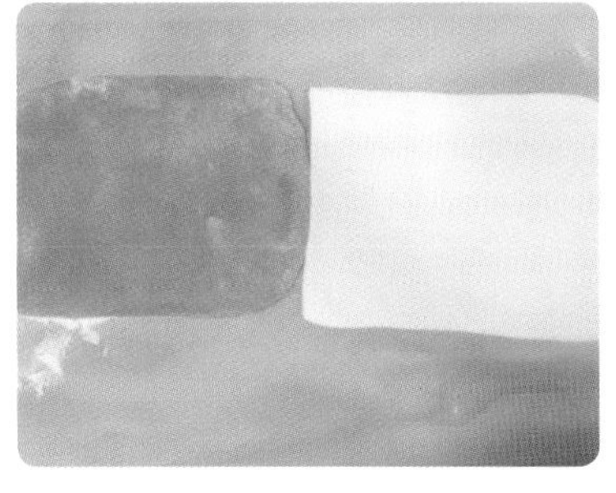

3. 將兩個麵團以擀麵棍擀成大致相同的長方形麵皮。

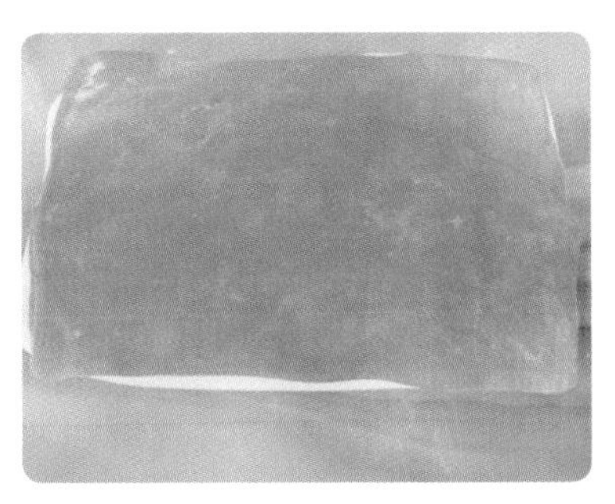

4. 把藍色麵皮貼在白色麵皮上，再擀成長 30 公分 × 寬 20 公分寬的長方形麵皮。

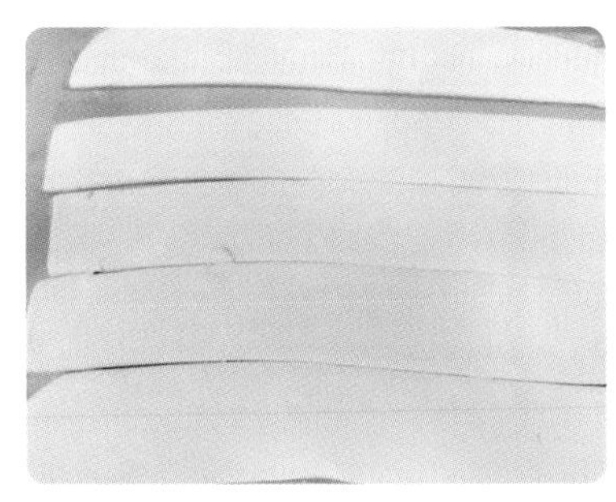

5. 切成每 4 公分寬的長條麵片，共 5 條。

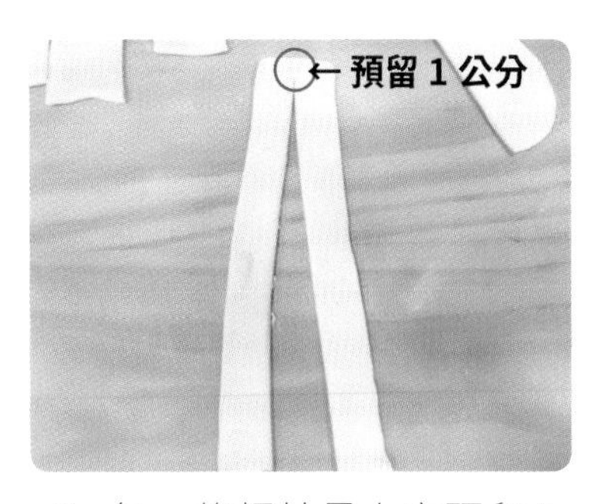

6. 每一條麵片最上方預留 1 公分，用刀子在麵皮的中間對切開。

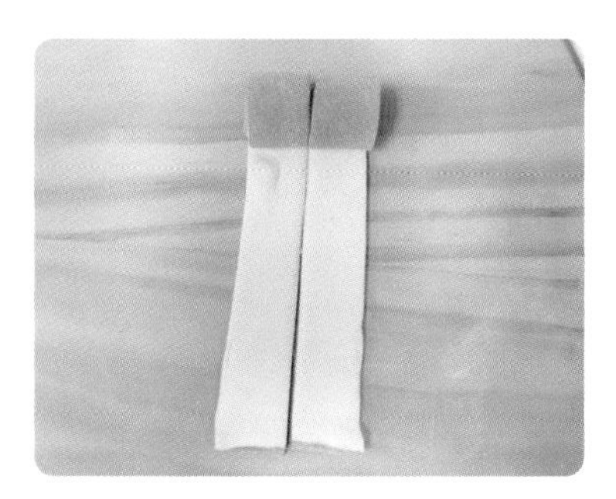

7. 從上往下慢慢捲起來。

8. 取兩隻筷子分別放在上方往下壓。

9. 再用筷子同時往中間擠壓。

10. 鬆開筷子，再參考圖示做法，自中間夾起。

11. 筷子夾的地方，取花模或星星模印出形狀，黏貼在上面，作品完成，準備做最後發酵。

D. 最後發酵

12. 依 P.18「麵團練功密技」的「最後發酵」過程，完成發酵狀態。

E. 蒸製

13. 依 P.20「麵團練功密技」的「蒸製」過程，水滾後，以中大火蒸 12 分鐘，熄火後再燜 2 分鐘即可。

14. 時來運轉花捲完成。

糖果花捲

上下捲一捲，甜甜的糖果吃一口！

糖果花捲・做法 step by step!

材料 Recipe!

中筋粉心粉	250 克
酵母	2 克
冷水	125 克
細砂糖	2 克
紅麴粉	3 克
薑黃粉	1 克

A. 攪拌 & 揉製

1. 將中筋粉心粉、酵母、冷水及細砂糖放入鋼盆中，依 P.14「麵團練功密技」的「攪拌」、「揉製」過程，將麵團揉至光滑。

B. 調色

2. 將光滑麵團切成 2 等份，其中一份加入紅麴粉及薑黃粉揉成土黃色麵團備用。

C. 整型

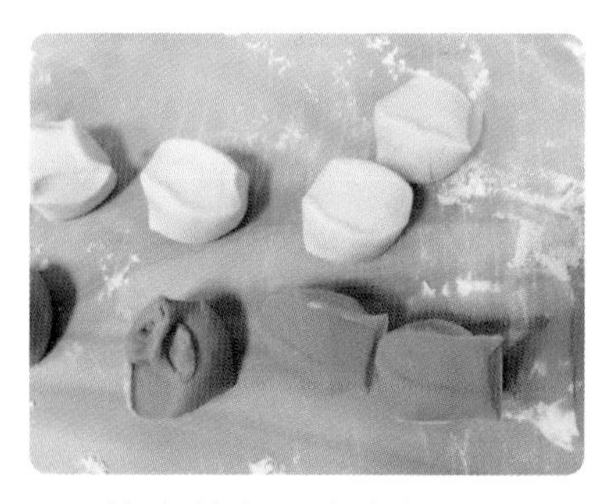

3. 將土黃色及白色麵團分別搓長後，各自切割成 6 份，每份 30 克，滾圓後備用。

4. 將滾圓好的麵團壓扁，以擀麵棍擀成直徑約 8 公分的圓片。

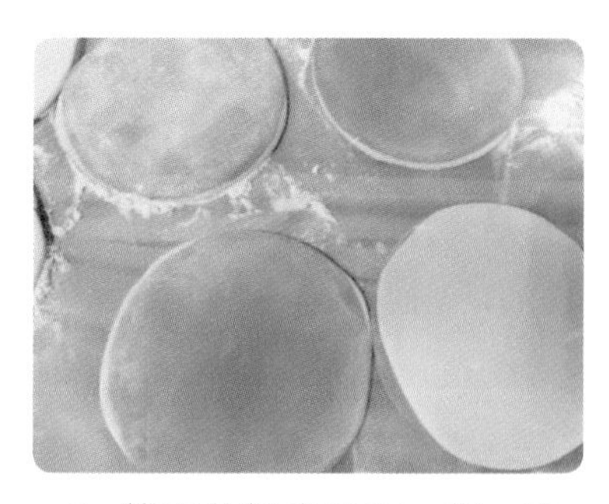

5. 將兩色麵皮疊在一起，再以擀麵棍擀開成直徑約 12 公分大小的圓麵皮。

6. 將每張麵皮均切成 6 等份。

7. 每 6 等份的麵皮，按圖示堆疊起。

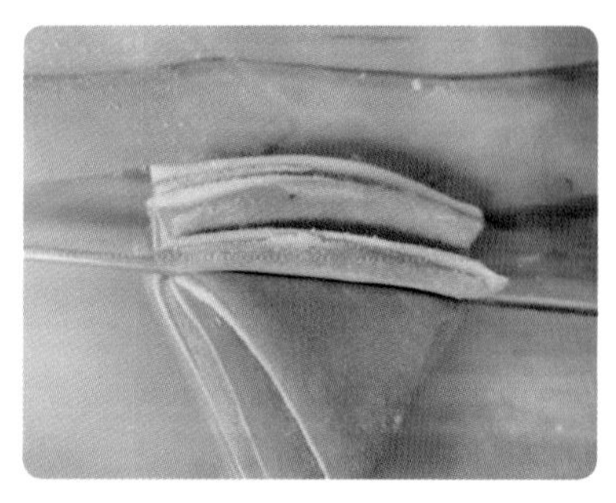

8. 用筷子離邊緣 1 公分左右處往下壓。

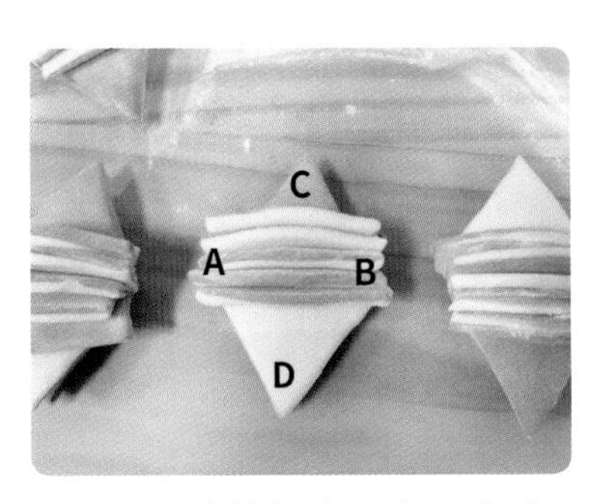

9. 將尖端的麵皮，上下各分3片（**C**、**D**）。

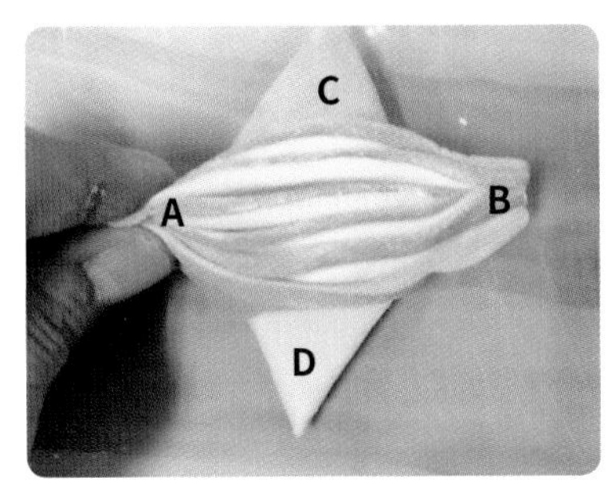

10. 先將 **A**、**B** 兩端捏尖，再把 **D** 的麵皮按次序往 **A** 邊捏合。

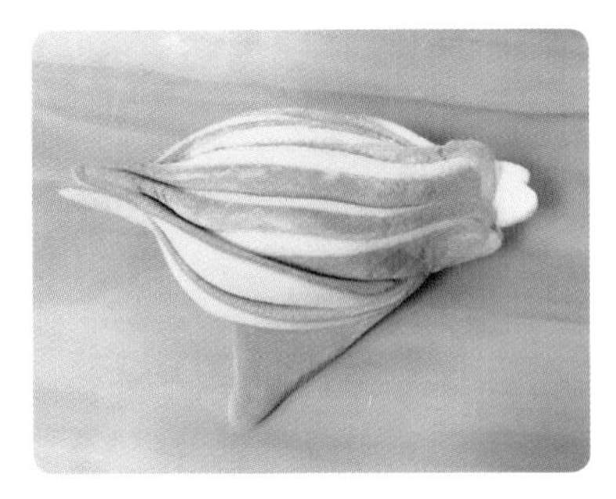

11. C 處的麵皮，則往 **B** 處按次序捏合。

12. 作品完成後，準備做最後發酵。

D. 最後發酵

13. 依 P.18「麵團練功密技」的「最後發酵」過程，完成發酵狀態。

E. 蒸製

14. 依 P.20「麵團練功密技」的「蒸製」過程，水滾後，以中大火蒸 12 分鐘，熄火後再燜 2 分鐘即可。

15. 糖果花捲完成。

富貴花捲

份量 6個

花開富貴祥瑞來，吉祥如意保平安！

材料 Recipe!

中筋粉心粉	250 克	細砂糖	2 克
酵母	2 克	紅麴粉	4 克
冷水	125 克	紅棗	6 顆

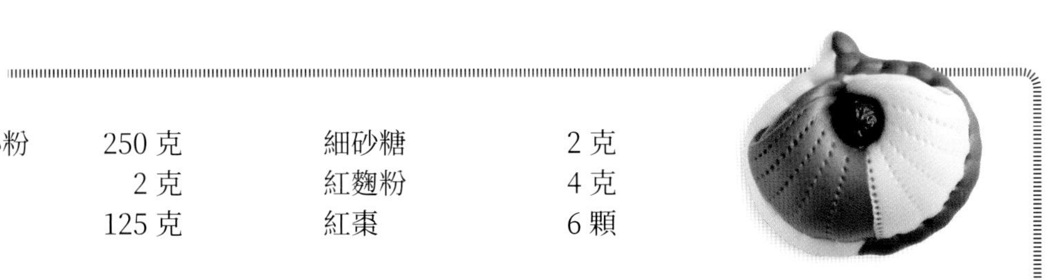

做法 step by step!

A. 攪拌 & 揉製

1. 將中筋粉心粉、酵母、冷水及細砂糖放入鋼盆中，依P.14「麵團練功密技」的「攪拌」、「揉製」過程，將麵團揉至光滑。

B. 調色

2. 將光滑麵團分成 2 等份，其中一份加入紅麴粉，揉成紅色麵團備用。

3. 將兩色麵團搓長，每 23 克切一刀，每色各 6 個麵團，剩下的麵團留下備用。

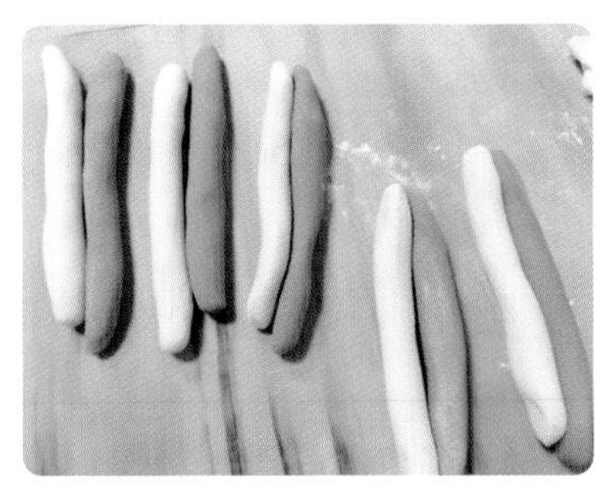

4. 23 克的紅、白色麵團搓成長條，兩色的長條麵團擺在一起。

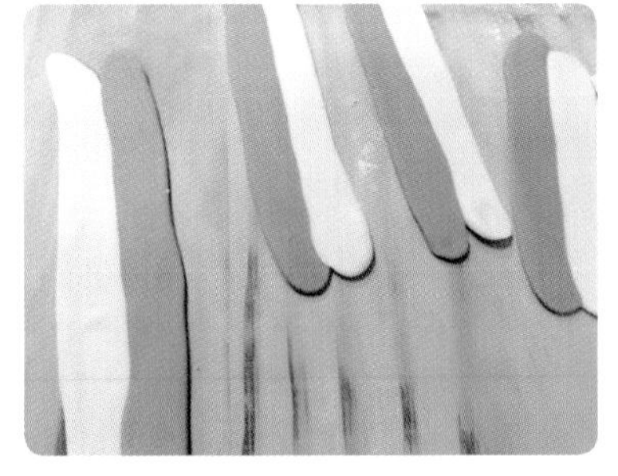

5. 以擀麵棍擀成長 18 公分 × 寬 6 公分長方形麵皮。

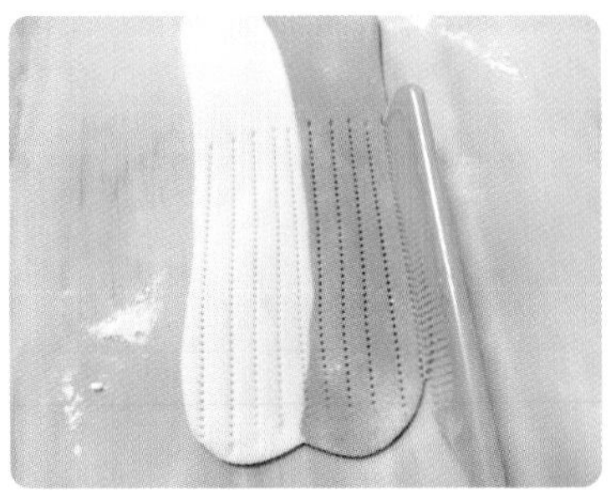

6. 然後以梳子在麵皮上面印出花紋。

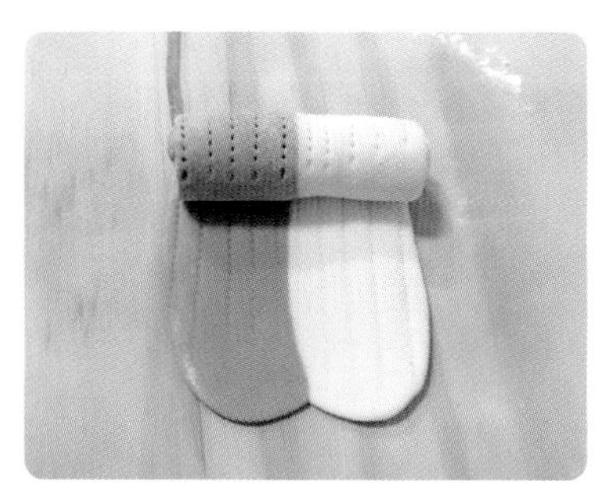

7. 由沒有花紋處往下捲起。

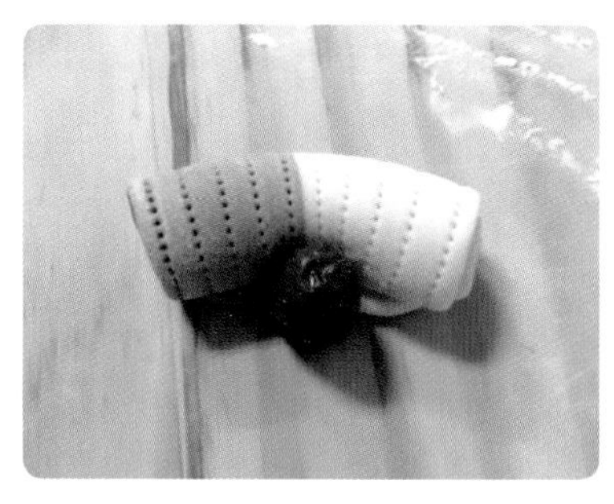

8. 捲完後，中間夾一顆紅棗，用手將兩端捏在一起。

9. 剩餘的紅、白麵團分別各取10克，揉成約9公分長條，並把兩條連在一起，共長約18公分，以刮板每隔0.5公分壓出紋路，再用一雙筷子從兩邊往中間擠，讓紋路立體。

10. 把壓好的長條圍在步驟**8**的半成品上，接口跟半環的接口對準捏起來。

11. 作品完成，準備做最後發酵。

C. 最後發酵

12. 依P.18「麵團練功密技」的「最後發酵」過程，完成發酵狀態。

E. 蒸製

13. 依P.20「麵團練功密技」的「蒸製」過程，水滾後，以中大火蒸12分鐘，熄火後再燜2分鐘即可。

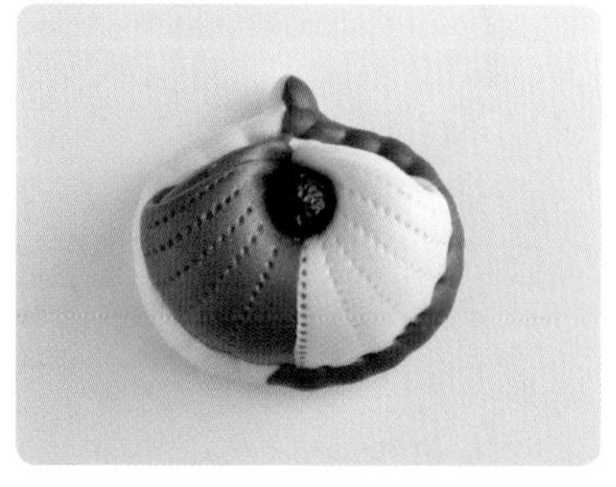

14. 富貴花捲完成。

漢克老師小叮嚀

√紅棗不需要事先泡水，只要洗淨就可以直接包裹起來。

√梳子按壓紋路時，可以清晰些，蒸出來的紋路才能明顯。

左右逢源花捲

願你做事得心應手，順順利利。

雙心花捲・做法 step by step!

材料 Recipe!

中筋粉心粉	250 克
酵母	2 克
冷水	125 克
細砂糖	2 克
可可粉	3 克

A. 攪拌 & 揉製

1. 將中筋粉心粉、酵母、冷水及細砂糖放入鋼盆中，依P.14「麵團練功密技」的「攪拌」、「揉製」過程，將麵團揉至光滑。

B. 調色

2. 將光滑麵團切成 2 等份，其中一份加入可可粉，揉成咖啡色麵團備用。

C. 整型

3. 將咖啡色及白色麵團分別搓長後，各自切割成 6 份，每份 30 克，滾圓後備用。

4. 將滾圓好的麵團壓扁，以擀麵棍擀成直徑約 8 公分的圓片，兩色麵皮疊在一起。

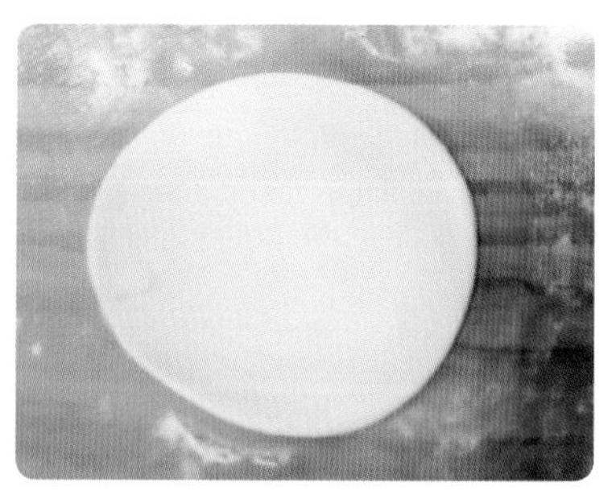

5. 再以擀麵棍擀開成直徑約 12 公分大小的圓麵皮。

6. 每張麵皮均切成 8 等份。

7. 每 8 等份的麵皮，按圖示堆疊起。

8. 用筷子順著麵片尖端先往上再往下壓。

9. 另一邊也以同樣方式處理。

10. 筷子拿開後的模樣。

11. 將兩邊的麵片以順時鐘的方向貼合，再用雙手順時鐘方向讓麵團更緊實些。

12. 作品完成，準備做最後發酵。

D. 最後發酵

13. 依 P.18「麵團練功密技」的「最後發酵」過程，完成發酵狀態。

E. 蒸製

14. 依 P.20「麵團練功密技」的「蒸製」過程，水滾後，以中大火蒸 12 分鐘，熄火後再燜 2 分鐘即可。

15. 左右逢源花捲完成。

漢克老師小叮嚀

此款造型的進階版為 P.86「雙層花捲」，讀者可參考製作。

扇面花捲

份量
6個

雖無法搧起涼風，
卻能讓你會心一笑。

材料 Recipe!

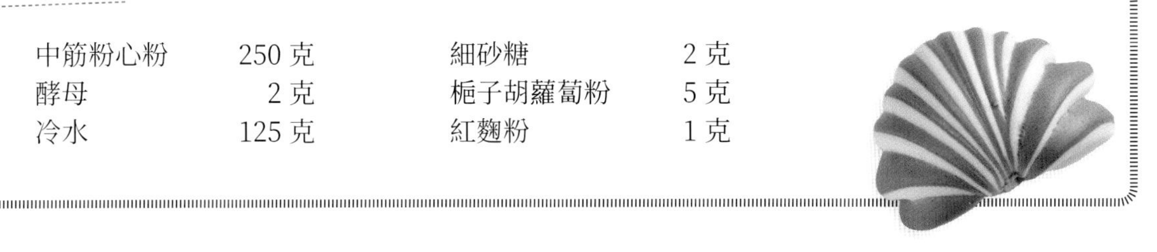

中筋粉心粉	250 克	細砂糖	2 克
酵母	2 克	梔子胡蘿蔔粉	5 克
冷水	125 克	紅麴粉	1 克

做法 step by step!

A. 攪拌 & 揉製

1. 將中筋粉心粉、酵母、冷水及細砂糖放入鋼盆中，依 P.14「麵團練功密技」的「攪拌」、「揉製」過程，將麵團揉至光滑。

B. 調色

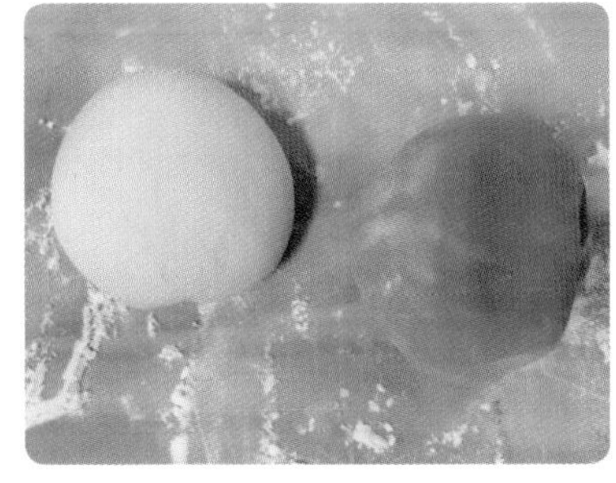

2. 將揉製好的麵團，取出一半，加入梔子胡蘿蔔粉及紅麴粉，揉成光滑的桃紅色麵團備用。

C. 整型

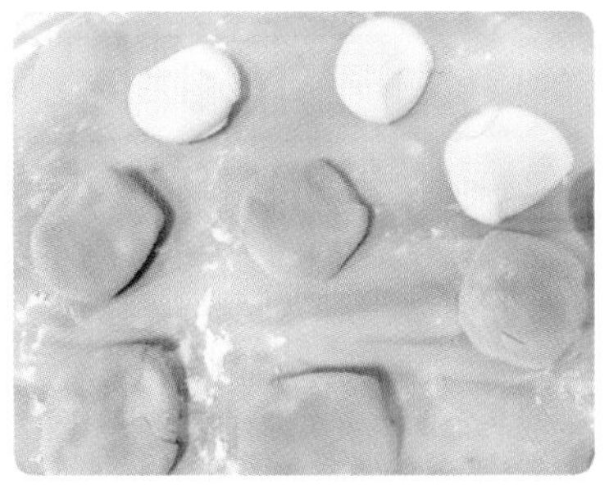

3. 將白色及桃紅色麵團分別搓長後，各切成 6 等份，每等份 30 克。

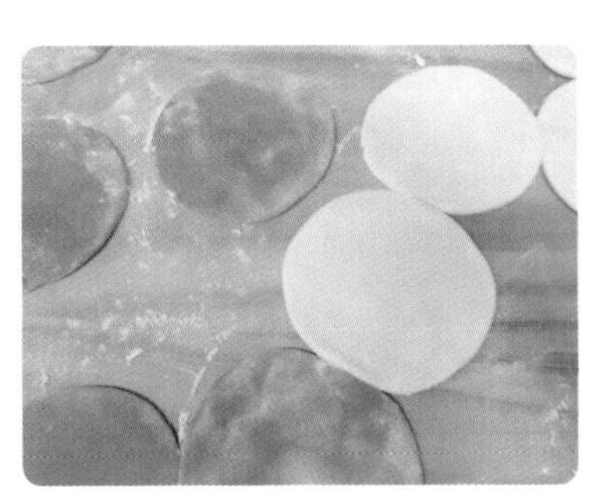

4. 將每等份分別滾圓後，擀成直徑約 10 公分的圓片。

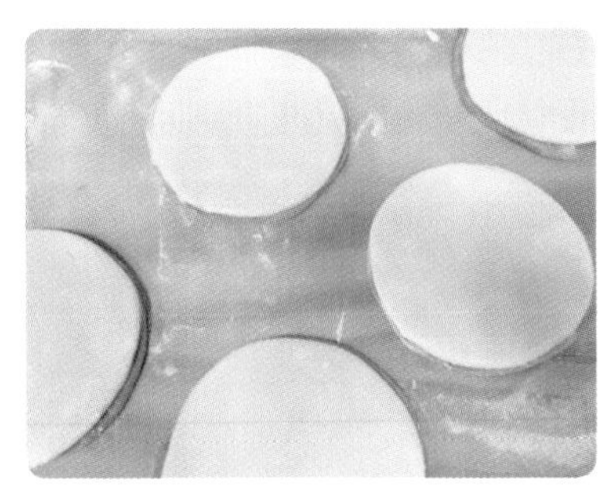

5. 將兩色圓麵皮疊在一起。

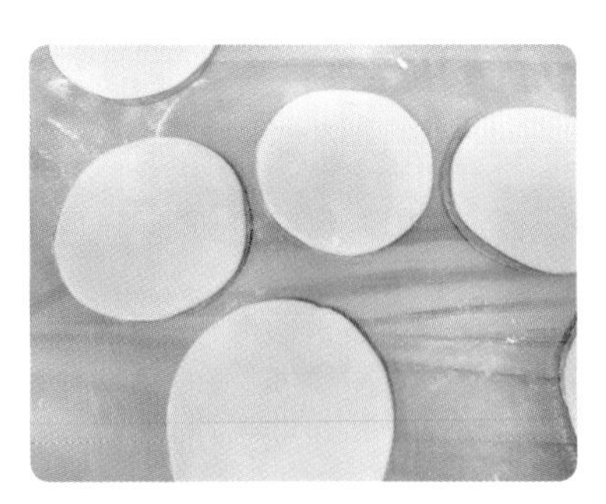

6. 再將圓麵皮擀開成直徑約 12 公分，不要擀太薄。

7. 依圖示切出 6 塊大小不一的麵片。

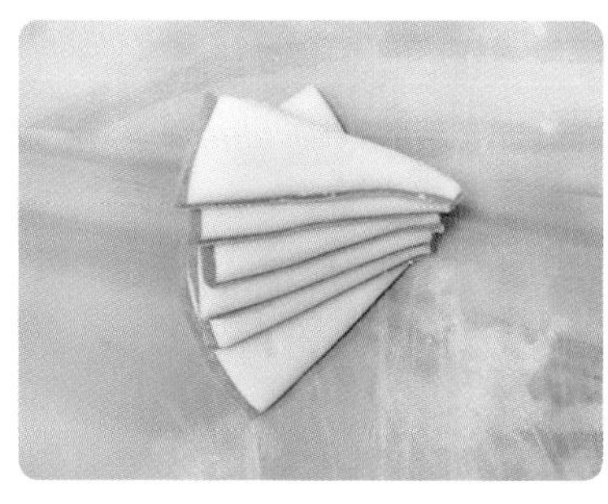

8. 將 6 塊麵皮由大到小堆疊起來。

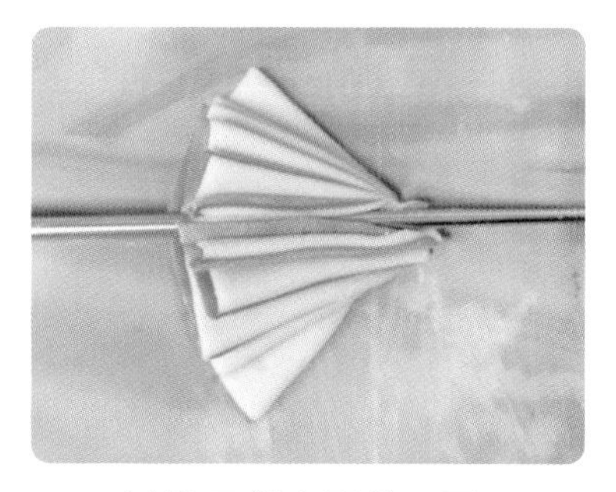

9. 以筷子從中間往下壓。

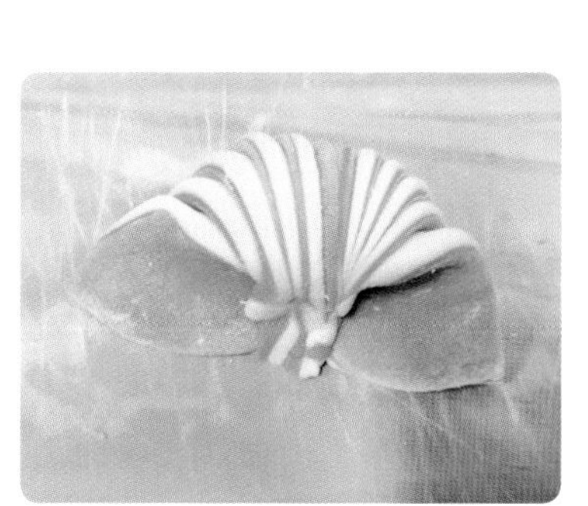

10. 將尖端部分（圈起來部位）捏住，往後與紫色麵皮面的圓弧邊黏在一起。

11. 略微調整，作品完成，準備做最後發酵。

D. 最後發酵

12. 依 P.18「麵團練功密技」的「最後發酵」過程，完成發酵狀態。

E. 蒸製

13. 依 P.20「麵團練功密技」的「蒸製」過程，21 水滾後，以中大火蒸 12 分鐘即可，熄火後再燜 2 分鐘。

14. 扇面花捲完成。

漢克老師小叮嚀

- ✓ 步驟 **7** 的部分剛開始可能比例抓不太好，多試幾次就能抓到想要的大小。
- ✓ 此款造型進階版為 P.144「高麗菜花捲」，讀者可以參考製作。

菊花花捲

份量
5個

花中君子送給你，願你健康樂無憂！

菊花花捲・做法 step by step!

材料 Recipe!

中筋粉心粉	250 克
酵母	2 克
冷水	125 克
細砂糖	2 克
梔子紫色粉	2 克

A. 攪拌 & 揉製

1. 將中筋粉心粉、酵母、冷水及細砂糖放入鋼盆中，依P.14「麵團練功密技」的「攪拌」、「揉製」過程，將麵團揉至光滑。

B. 調色

2. 將光滑麵團切成 2 半，其中一份加入梔子紫色粉，揉成紫色麵團備用。

C. 整型

3. 將兩份麵團分別搓長後，分別擀成長 20 公分 × 寬 10 公分的長方形麵皮備用。

4. 將紫、白兩色麵皮堆疊一起。

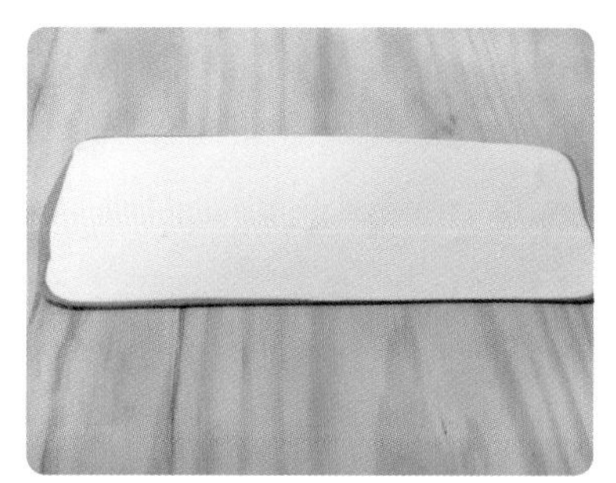

5. 再擀開成長 40 公分 × 寬 12 公分的長方形麵皮。

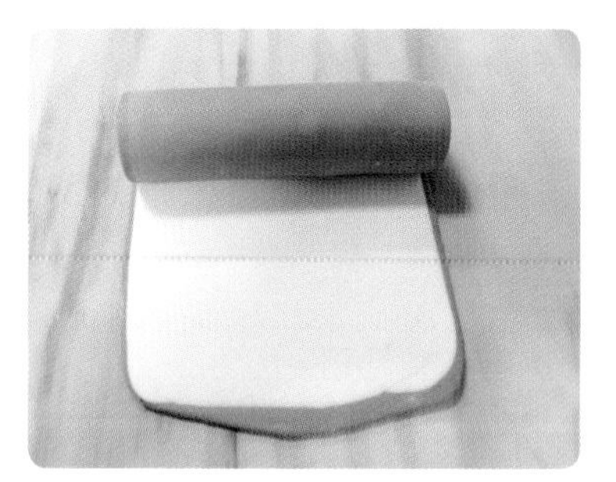

6. 由上（短邊）往下捲成長柱狀。

7. 每 2 公分切一刀，將切面朝上。

8. 將步驟 **7** 的麵團以擀面棍擀開成直徑約 8 ～ 9 公分，再用蘋果切割器在麵皮上壓一下，留下刀痕即可。

9. 再用刀子將麵團切成 16 片。

10. 把切好的麵片，依序將每個切口翻上，做成花瓣的樣子。

11. 取花模，壓出些許小花，放在菊花的中心，作品完成，準備做最後發酵。

D. 最後發酵

12. 依 P.18「麵團練功密技」的「最後發酵」過程，完成發酵狀態。

E. 蒸製

13. 依 P.20「麵團練功密技」的「蒸製」過程，水滾後，以中大火蒸 12 分鐘，熄火後再燜 2 分鐘即可。

14. 菊花花捲完成。

漢克老師小叮嚀

✓ 步驟 **10** 剛翻切口時，注意不要拉扯麵皮，以免造型完成後，花瓣忽大忽小。

✓ 此款造型的進階版為 P.124「多重菊花花捲」，讀者可參考製作。

四合如意花捲

份量
6個

美滿吉祥、諸事順利、
四季如意！

材料 Recipe!

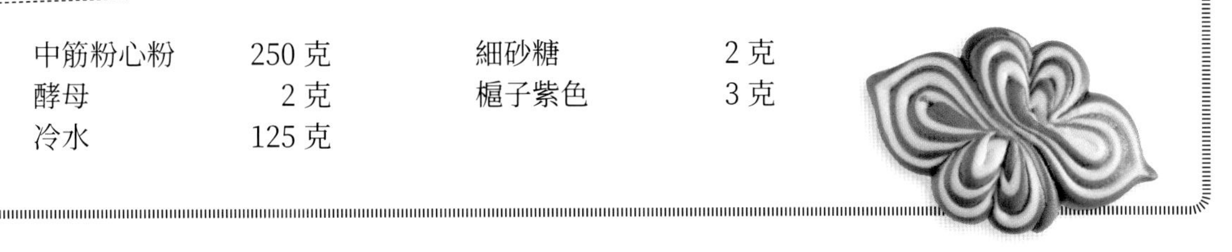

中筋粉心粉	250 克	細砂糖	2 克
酵母	2 克	槴子紫色	3 克
冷水	125 克		

做法 step by step!

A. 攪拌 & 揉製

1. 將中筋粉心粉、酵母、冷水及細砂糖放入鋼盆中，依P.14「麵團練功密技」的「攪拌」、「揉製」過程，將麵團揉至光滑。

B. 調色

2. 將光滑麵團切成兩半，其中一份加入槴子紫色，揉成紫色麵團備用。

C. 整型

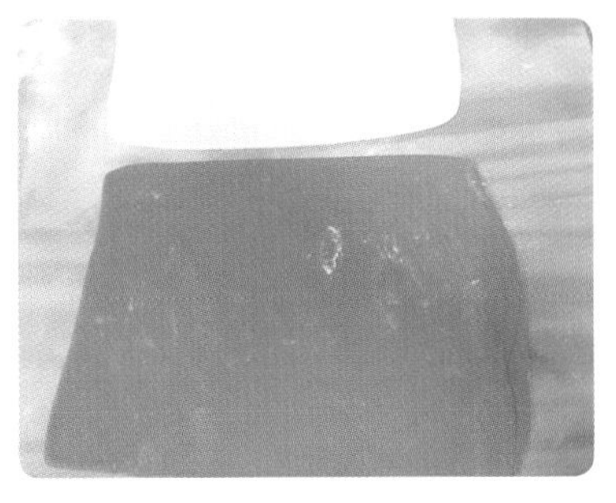

3.將兩份麵團分別擀長擀寬，擀成長 20 公分 × 寬 15 公分的長方形麵皮。

4. 兩色麵皮疊在一起，再將長度擀長至 40 公分。

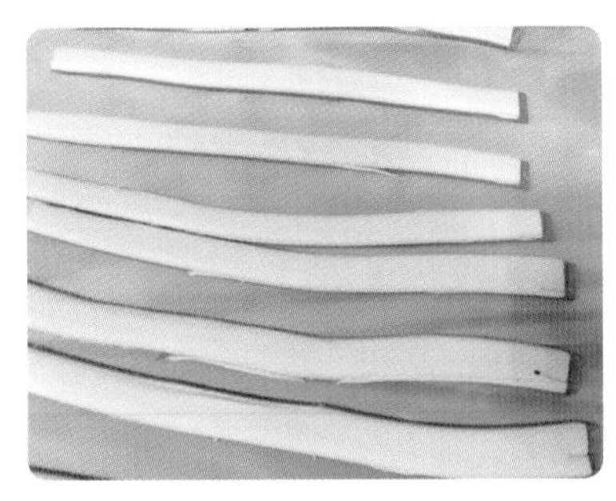

5. 再將麵皮每 1.5 公分切一刀，計可切成 12 條長條麵皮。

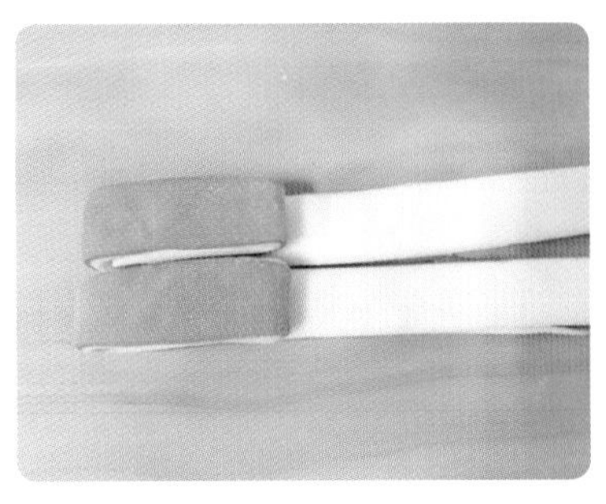

6. 切好的長條麵皮，折起 4 公分長，慢慢以此長度從左往右方式捲起。

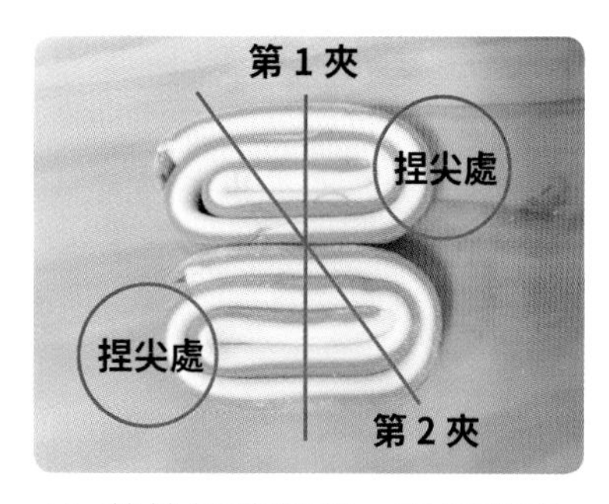

7. 將捲好的麵條，兩個整齊立起排好。

8. 用筷子如步驟 7 圖示，用一雙筷子從麵團中間往內夾緊（第 1 夾）。

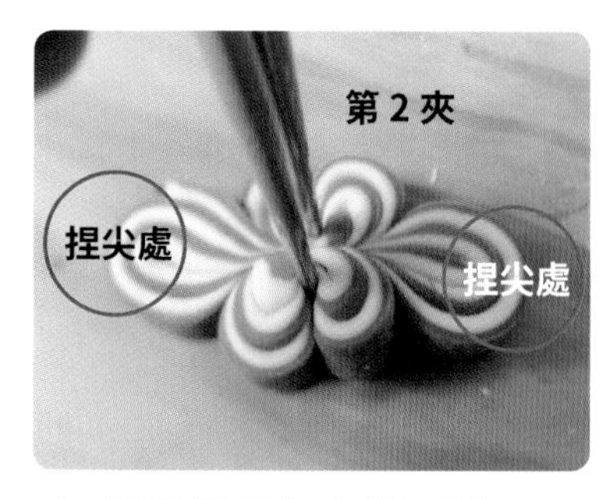

9. 再用筷子如步驟 7 圖示，用一雙筷子從步驟 8 夾好的麵團中，取對角的麵團，用筷子夾緊（第 2 夾）。

10. 再用手將未夾的兩端捏尖。

11. 作品完成，準備做最後發酵。

D. 最後發酵

12. 依 P.18「麵團練功密技」的「最後發酵」過程，完成發酵狀態。

E. 蒸製

13. 依 P.20「麵團練功密技」的「蒸製」過程，水滾後，以中大火蒸 12 分鐘，熄火後再燜 2 分鐘即可。

14. 四合如意花捲完成。

漢克老師小叮嚀

把每一個步驟做確實，四合如意捲的紋路就會明顯且美麗，算是考驗功力的一款花捲。

雙層花捲

份量 5個

一上一下、一左一右，簡單又快速！

材料 Recipe!

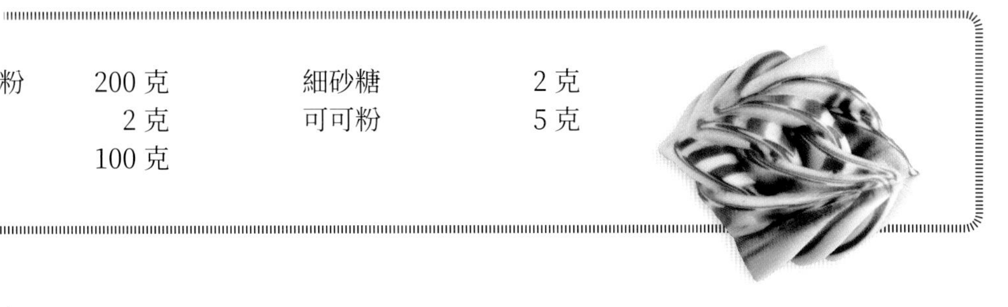

中筋粉心粉	200 克	細砂糖	2 克
酵母	2 克	可可粉	5 克
冷水	100 克		

做法 step by step!

A. 攪拌 & 揉製

1. 將中筋粉心粉、酵母、冷水及細砂糖放入鋼盆中，依P.14「麵團練功密技」的「攪拌」、「揉製」過程，將麵團揉至光滑。

B. 調色

2. 將光滑麵團分成 2 等份，其中一份加入可可粉揉，成棕色麵團備用。

C. 整型

3. 將兩份麵團分別搓長後，各自擀成長 20 公分 × 寬 10 公分的長方形麵皮備用。

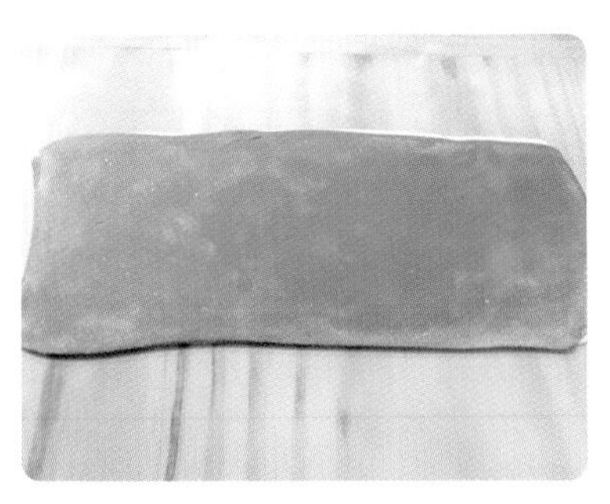

4. 將棕、白兩色麵皮堆疊一起，再擀成長 40 公分 × 寬 10 公分的長方形麵皮。

5. 從短邊捲起。

6. 每 2 公分切一刀，切面有花紋朝上。

7. 以擀麵棍擀成直徑約 10 公分大小的圓麵皮。

8. 將圓麵片均切成 8 片。

9. 將麵片如圖示相互交叉擺好。

10. 放上筷子，左邊往下，右邊往上同時下壓。

11. 作品完成，準備做最後發酵。

D. 最後發酵

12. 依 P.18「麵團練功密技」的「最後發酵」過程，完成發酵狀態。

E. 蒸製

13. 依 P.20「麵團練功密技」的「蒸製」過程，水滾後，以中大火蒸 12 分鐘，熄火後再燜 2 分鐘即可。

15. 雙層花捲完成。

漢克老師小叮嚀

- ✓ 步驟 **7** 的麵片不要擀太大太薄，蒸出來不好看，否則到了步驟 **10** 時，會因為太大太薄變得不好成型。
- ✓ 此款造型的基礎版為 P.73「左右逢緣花捲」，讀者可以參考製作。

貓頭鷹花捲

點綴兩顆紅豆，
貓頭鷹的模樣就出現了！

貓頭鷹花捲・做法 step by step!

材料 Recipe!

中筋粉心粉	250 克
酵母	2 克
冷水	125 克
細砂糖	2 克
可可粉	5 克

A. 攪拌 & 揉製

1. 將中筋粉心粉、酵母、冷水及細砂糖放入鋼盆中，依P.14「麵團練功密技」的「攪拌」、「揉製」過程，將麵團揉至光滑。

B. 調色

2. 將光滑麵團分割成 2 等份，其中一份加入可可粉，揉成棕色麵團備用。

C. 整型

3. 將兩份麵團分別搓長後，各自擀成長 20 公分 × 寬 15 公分的長方形麵皮備用。

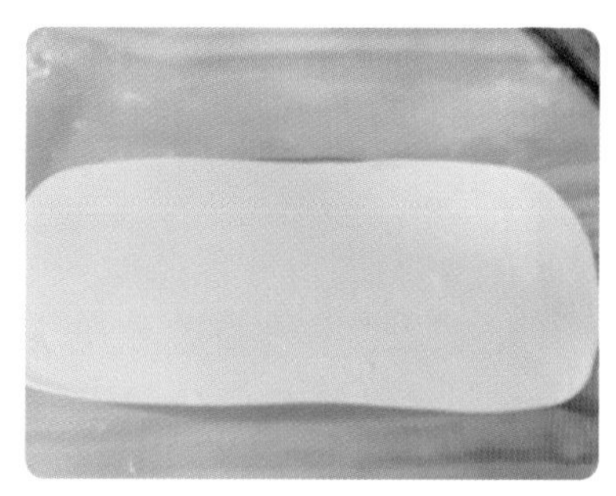

4. 將棕、白兩色麵皮堆疊一起，再把麵片擀成長 50 公分 × 寬 15 公分的長方形麵皮。

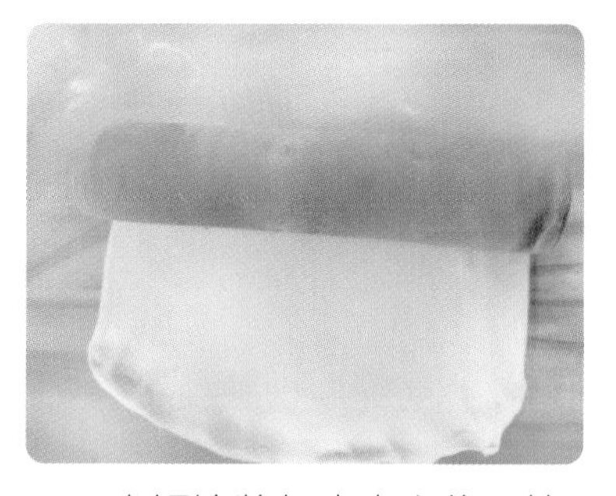

5. 由短邊將麵皮由上往下捲起。

6. 將捲好的麵團，平均切 6 等份，切面朝上。

7. 把步驟 6 用擀麵棍擀開成直徑約 12 公分的圓片，再將圓片上下各 2 公分擀薄一些成橢圓形，用刀片劃出壓痕。

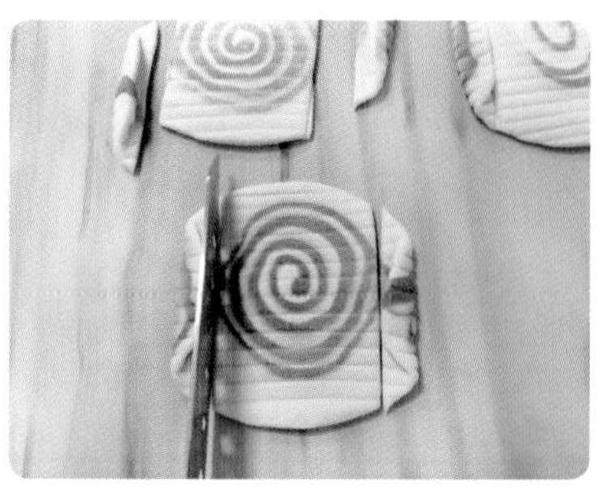

8. 將麵皮翻過來，左右各反折 1 公分，折過後的 1 公分處切斷。

9.再將麵皮翻面，與壓痕平行方向，用手把皮從中間捏緊。

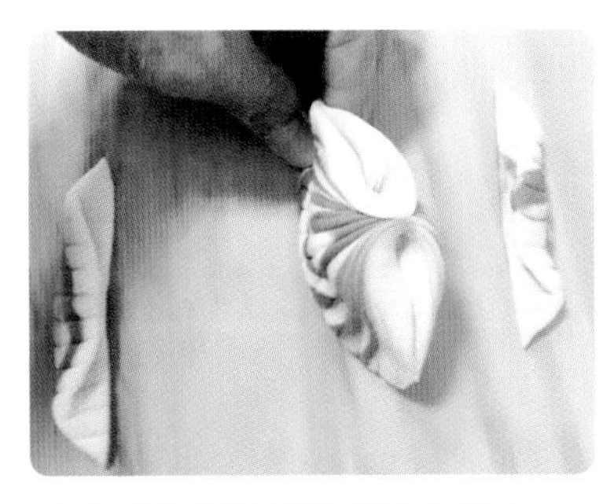

10. 把圓弧的兩面折合起來，像個貝殼狀。

11. 把貝殼立起來，將步驟 **8** 切下來的麵皮，長邊沿著貝殼弧度擺放（有兩邊），並將左右兩端一起捏緊。

12. 兩個白色的凹槽中放上紅豆當眼睛，作品完成，準備做最後發酵。

D. 最後發酵

13. 依 P.18「麵團練功密技」的「最後發酵」過程，完成發酵狀態。

E. 蒸製

14. 依 P.20「麵團練功密技」的「蒸製」過程，水滾後，以中大火蒸 12 分鐘，熄火後再燜 2 分鐘即可。

15. 貓頭鷹花捲完成。

漢克老師小叮嚀

這款造型較不易完成，壓痕要明顯（步驟 **7**）、注意壓痕位置的改變（步驟 **9**），尤其步驟 **11** 較複雜，建議多閱讀幾次步驟做法，才著手進行造型。

財源滾滾花捲

份量
6個

讓你錢滾錢，
財滾財，讓你發大財！

材料 Recipe!

中筋粉心粉	250 克	細砂糖	2 克
酵母	2 克	紅麴粉	3 克
冷水	125 克		

做法 step by step!

A. 攪拌 & 揉製

1. 將中筋粉心粉、酵母、冷水及細砂糖放入鋼盆中，依P.14「麵團練功密技」的「攪拌」、「揉製」過程，將麵團揉至光滑。

B. 調色

2. 將光滑麵團分割出 190 克，加入紅麴粉，揉成紅色麵團備用。

C. 整型

3. 將兩個麵團以擀麵棍擀成大致相同的長方形麵皮。

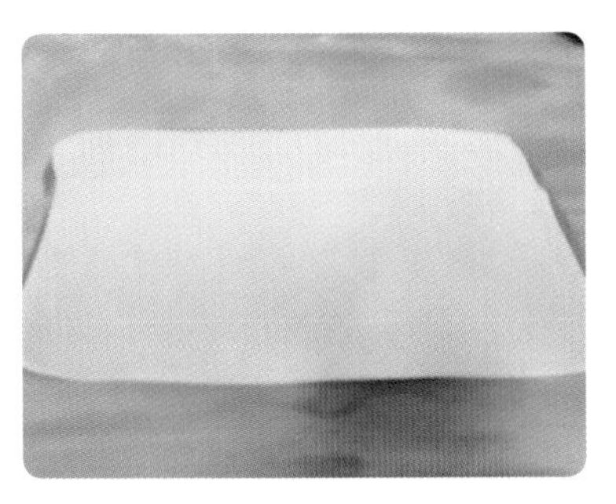

4. 把白色麵皮貼在紅色麵皮上，再擀成長 45 公分 × 寬 18 公分的長方形麵皮。

5. 切成每 2.5 公分寬的長條麵片。

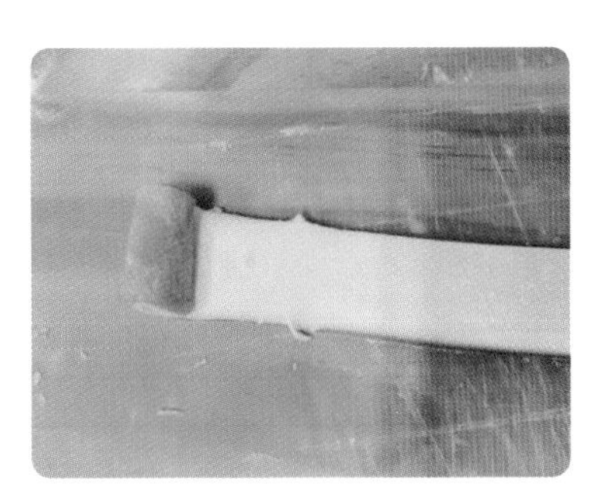

6. 由短邊處捲起。

7. 捲好後，用筷子從麵皮上方的中間往下壓。

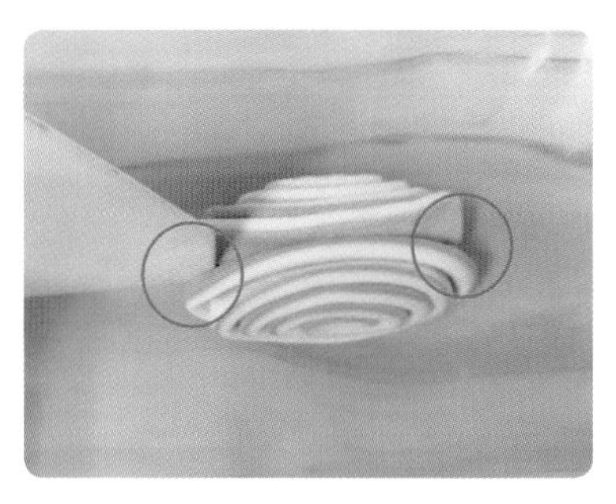

8. 步驟 **7** 以筷子下壓時，兩端的麵團會往外擴（如紅圈部分），可以用刮板將外擴的麵團往裡面推進去。

9. 稍微整理一下，作品完成，準備做最後發酵。

D. 最後發酵

10. 依 P.18「麵團練功密技」的「最後發酵」過程，完成發酵狀態。

E. 蒸製

11. 依 P.20「麵團練功密技」的「蒸製」過程，水滾後，以中大火蒸 12 分鐘，熄火後再燜 2 分鐘即可。

12. 財源滾滾花捲完成。

戰車花捲

轟隆隆，看我開戰車，保衛我們的家園！

材料 Recipe!

中筋粉心粉	250 克	細砂糖	2 克
酵母	2 克	蝶豆花粉	2 克
冷水	125 克		

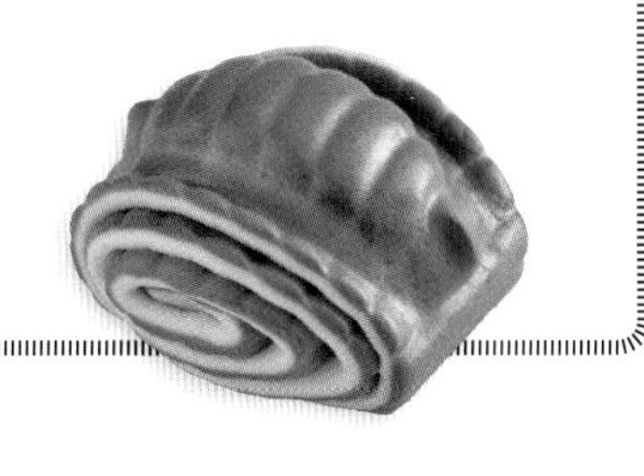

做法 step by step!

A. 攪拌 & 揉製

1. 將中筋粉心粉、酵母、冷水及細砂糖放入鋼盆中，依P.14「麵團練功密技」的「攪拌」、「揉製」過程，將麵團揉至光滑。

B. 調色

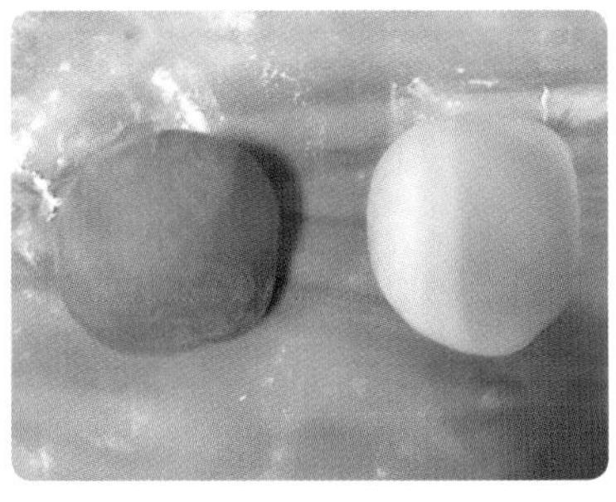

2. 將光滑麵團分割出 190 克，加入蝶豆花粉，揉成藍色麵團備用。

C. 整型

3. 將兩個麵團以擀麵棍擀成大致相同的長方形麵皮。

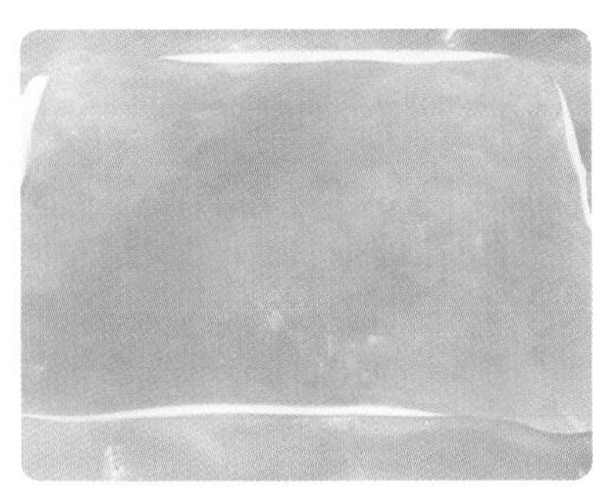

4. 將藍色麵皮放在白色麵皮上，再擀成長 30 公分 × 寬 20 公分的長方形麵皮。

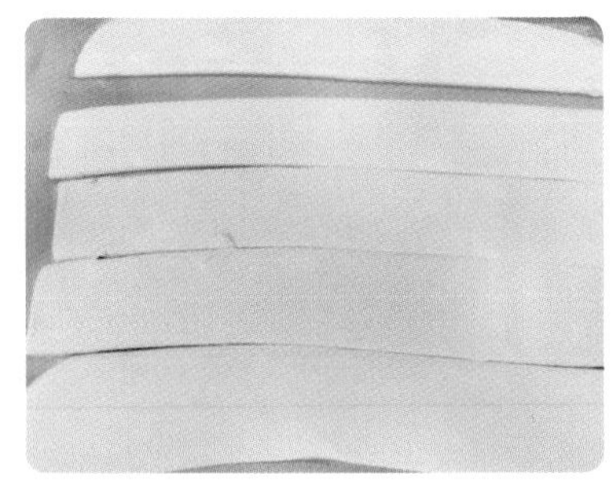

5. 將麵皮每 4 公分寬切一刀，共切成 5 條。

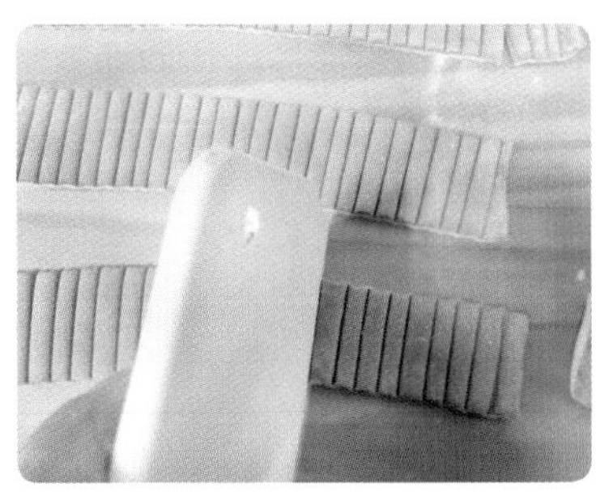

6. 將麵皮翻面，用刮板在藍色的麵皮上壓出紋路。

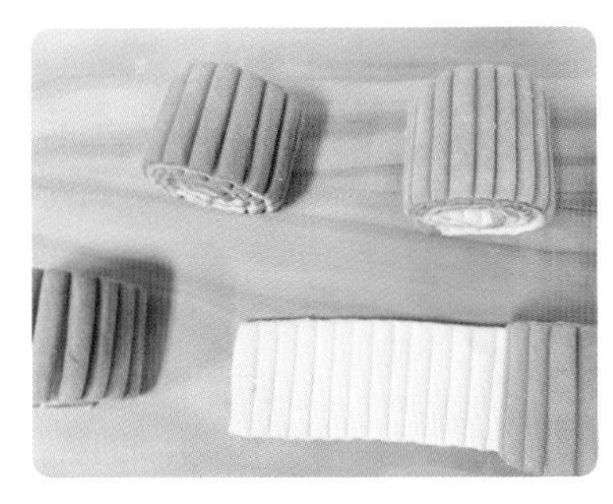

7. 從短邊將麵皮滾捲起來。

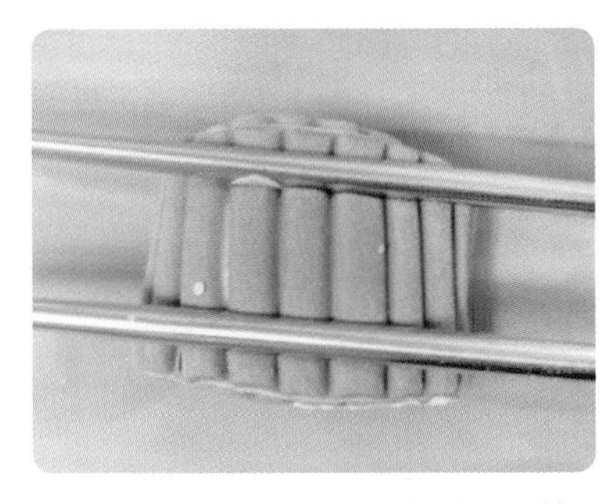

8. 將兩支筷子放在捲起來的麵團上。

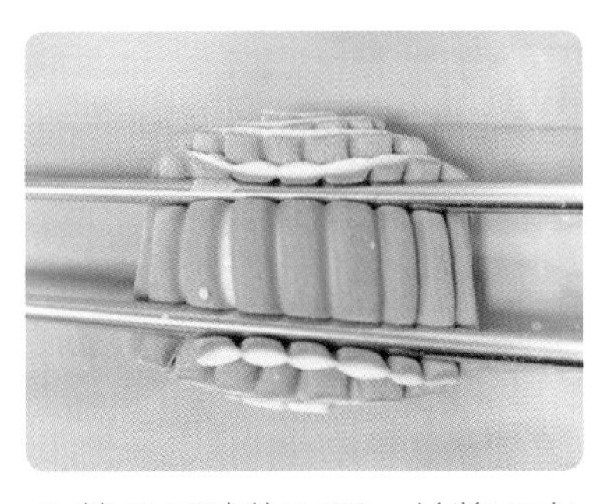

9.筷子同時往下壓，並將兩支筷子同時往中間壓一下，將中間部分的麵團鼓起來。

10. 將中間鼓起來的麵團兩端捏尖，作品完成，準備做最後發酵。

D. 最後發酵

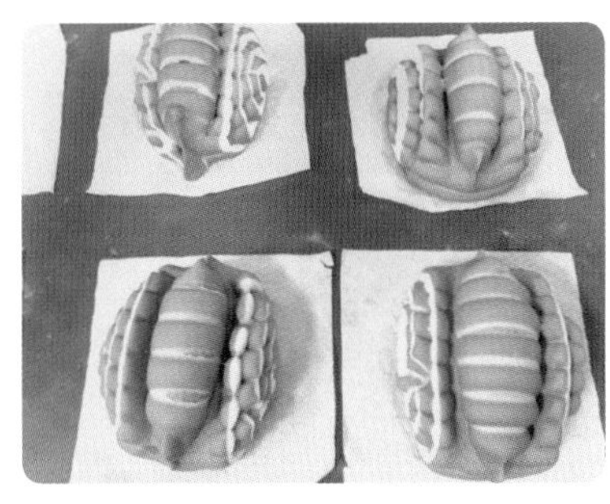

11. 依 P.18「麵團練功密技」的「最後發酵」過程，完成發酵狀態。

E. 蒸製

12. 依 P.20「麵團練功密技」的「蒸製」過程，水滾後，以中大火蒸 12 分鐘，熄火後再燜 2 分鐘即可。

13. 戰車花捲完成。

漢克老師小叮嚀

✓ 步驟 **6** 中以刮板壓紋路時，不要壓太深，一是怕壓斷；二是怕壓到白色麵皮，一旦壓到白色麵皮，蒸好後，白色會顯現在壓紋上，甚至會產生裂口。

✓ 步驟 **9** 中，用筷子將麵團往中間壓時，不要完全壓在一起，不然壓紋會裂開，稍微靠近即可，再用手把兩端捏尖。

秋蟬花捲

份量
6個

聽我把春水叫寒，看我把綠葉催黃，
秋蟬花捲秋意濃！

秋蟬花捲．做法 step by step!

材料 Recipe!

中筋粉心粉	250 克
酵母	2 克
冷水	125 克
細砂糖	2 克
梔子綠色粉	1 克
薑黃粉	1 克

A. 攪拌 & 揉製

1. 將中筋粉心粉、酵母、冷水及細砂糖放入鋼盆中，依 P.14「麵團練功密技」的「攪拌」、「揉製」過程，將麵團揉至光滑。

B. 調色

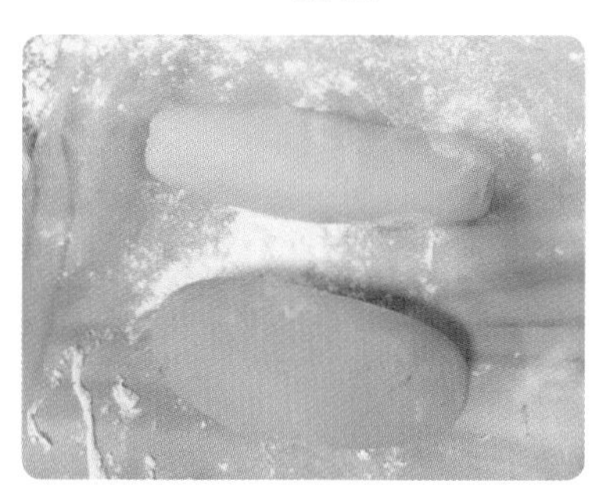

2. 將光滑麵團切成兩半，其中一份加入薑黃粉，揉成黃色麵團；另外一份加入梔子綠色粉，揉成綠色麵團備用。

C. 整型

3. 將麵團分別搓長，每種顏色麵團切成 3 等份，滾圓備用。

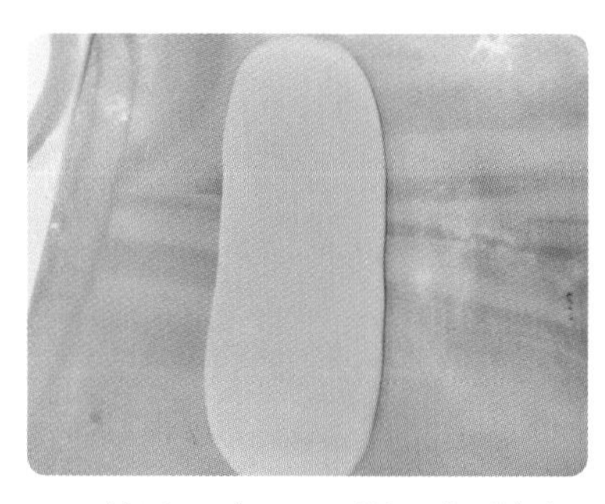

4. 將滾圓麵團以擀面棍擀成長 18 公分 × 寬 8 公分的長方形麵皮。

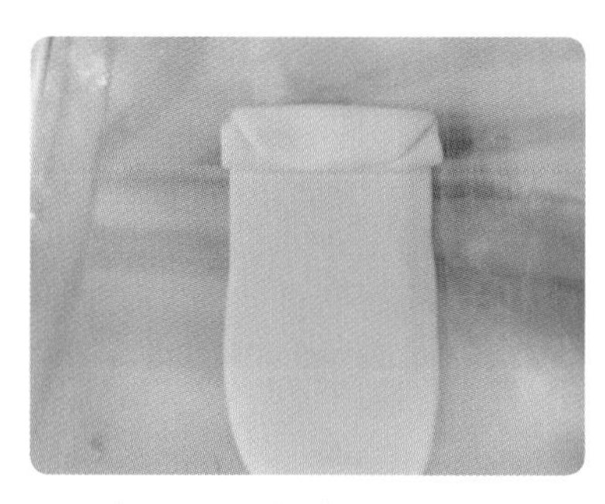

5. 每 1 公分折起，用折扇子的方式將麵皮折完。

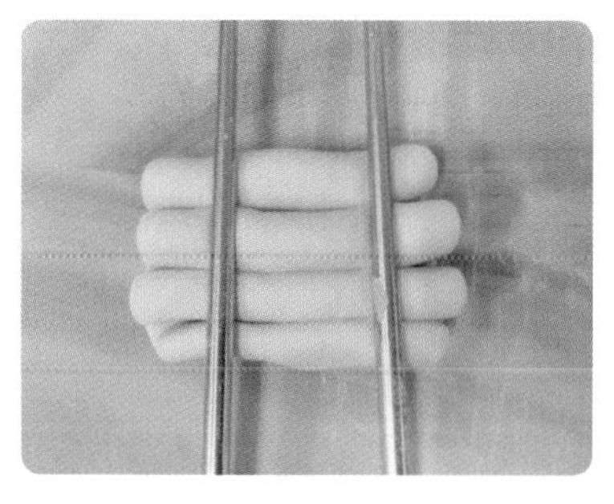

6. 總計約可折四個凸起來的折紋，放上兩支筷子。

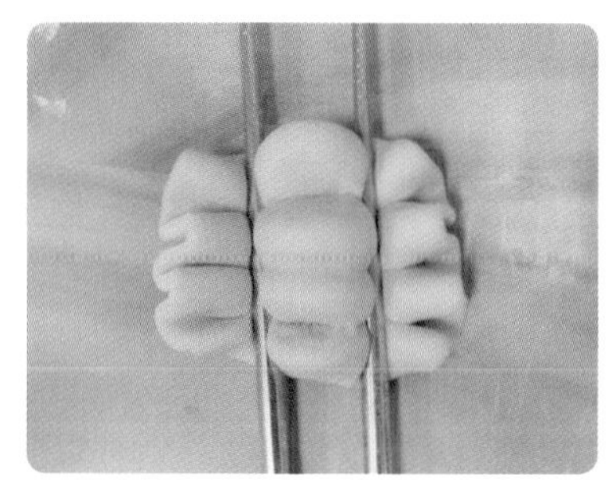

7. 筷子往下壓，再往中間擠一下。

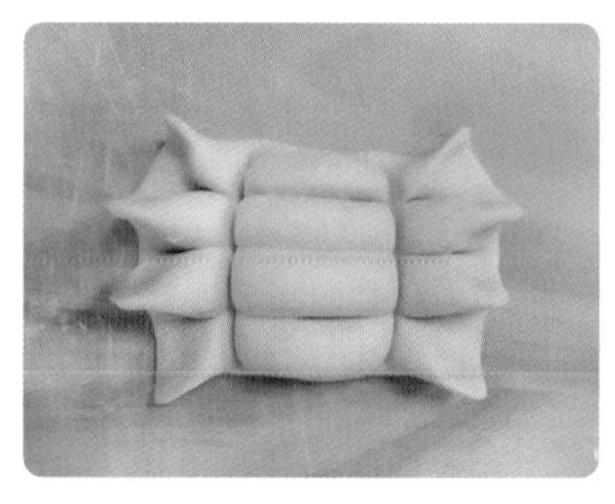

8. 手往中間收攏一下，再用手指依圖示將兩邊摺紋捏尖。

D. 最後發酵

9. 將尾巴捏尖，頭部前面以刀子切出鬍鬚狀。

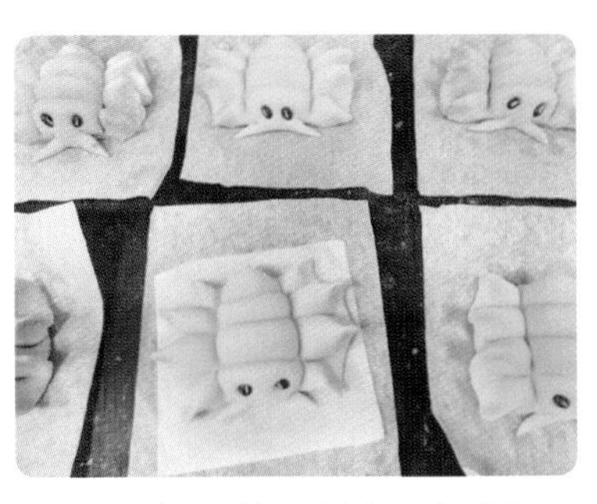

10. 頭部用筷子刺出兩個洞，塞入兩顆紅豆或黑豆，作品完成，準備做最後發酵。

11. 依 P.18「麵團練功密技」的「最後發酵」過程，完成發酵狀態。

E. 蒸製

12. 依 P.20「麵團練功密技」的「蒸製」過程，水滾後，以中大火蒸 12 分鐘，熄火後再燜 2 分鐘即可。

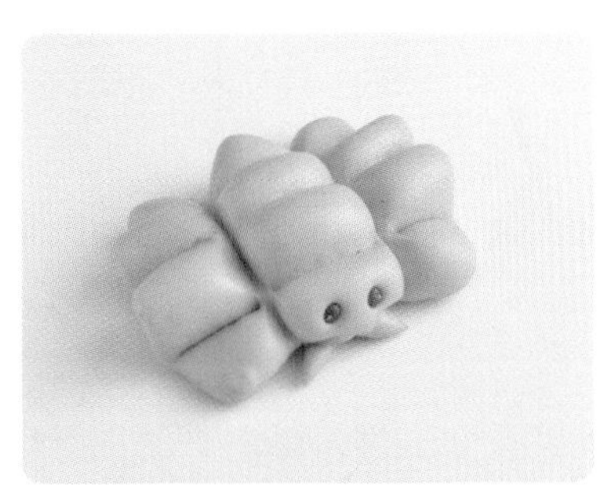

13. 秋蟬花捲完成。

小清新花捲

份量 6個

莫蘭迪藍，是天空一抹青，
是我最愛的小清新！

材料 Recipe!

中筋粉心粉	250 克	細砂糖	2 克
酵母	2 克	蝶豆花粉	2 克
冷水	125 克		

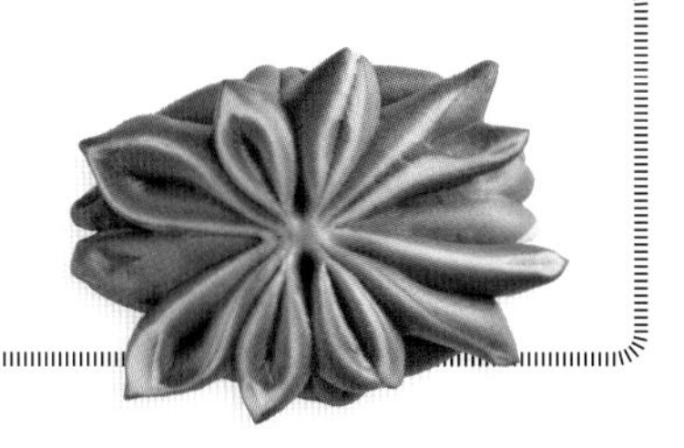

做法 step by step!

A. 攪拌 & 揉製

1. 將中筋粉心粉、酵母、冷水及細砂糖放入鋼盆中，依P.14「麵團練功密技」的「攪拌」、「揉製」過程，將麵團揉至光滑。

B. 調色

2. 將光滑麵團分割出 190 克，加入蝶豆花粉，揉成藍色麵團備用。

C. 整型

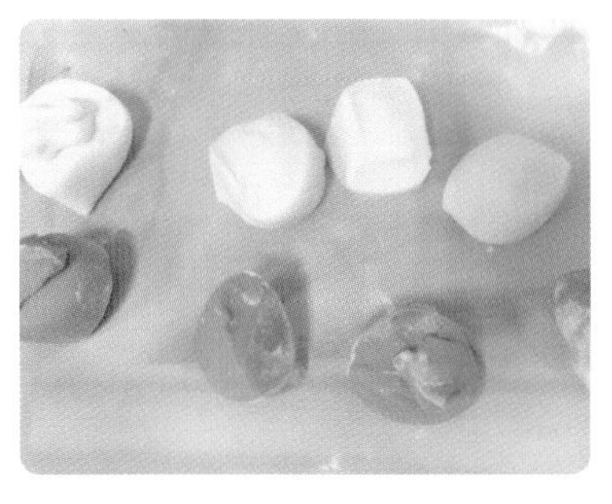

3. 將藍色及白色麵團分別搓長後，各自切割成 6 份，每份 30 克，滾圓後備用。

4. 將滾圓好的麵團壓扁，以擀麵棍擀成直徑約 8 公分的圓片。

5. 將兩色麵皮疊在一起，再以擀麵棍擀開成直徑約 12 公分大小的圓麵皮。

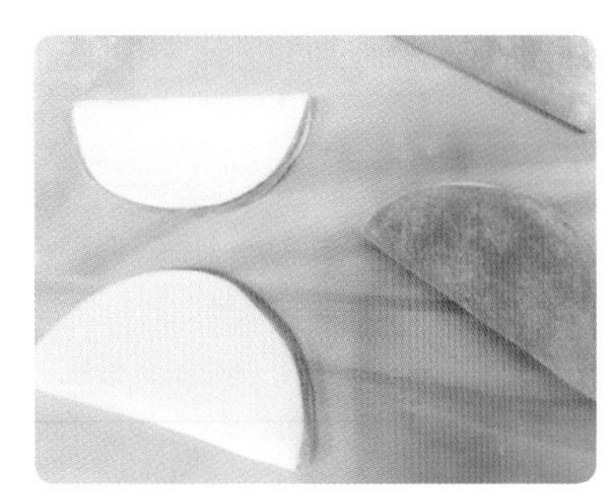

6. 先將麵皮半折疊起來。

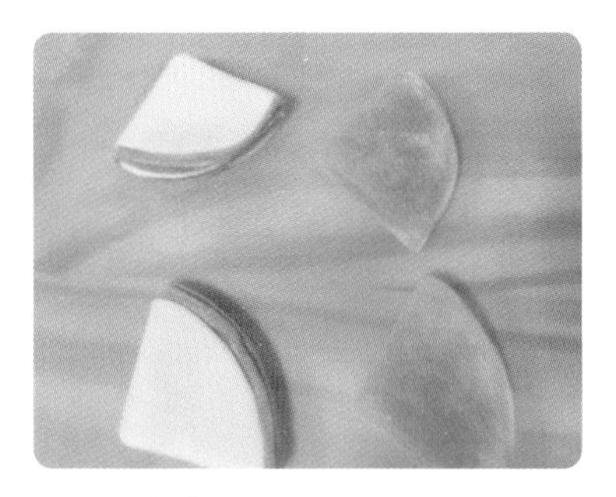

7. 再對折。

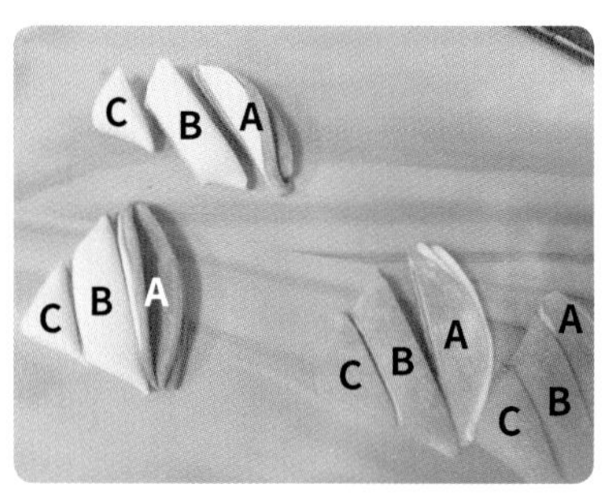

8. 參照圖示，用刀子切出 3 等份。

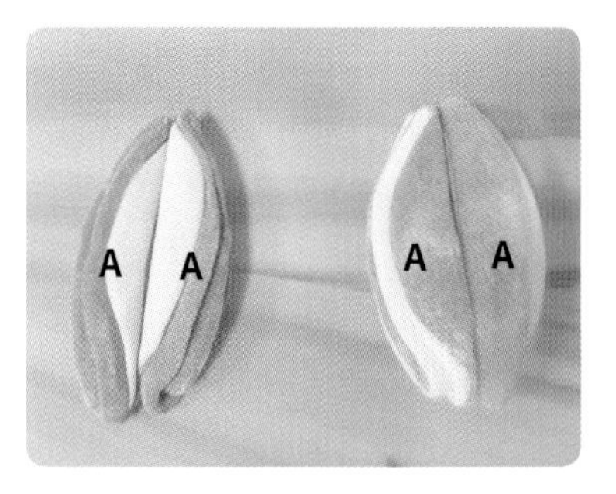

9. 將兩個相同的圓孤邊 **A**，切面對放。

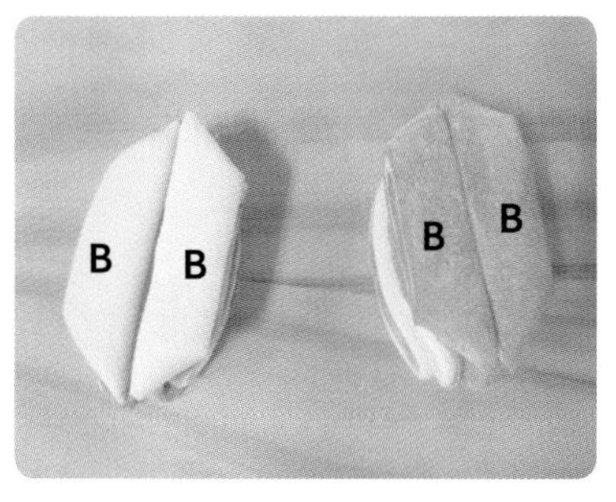

10. 再把兩個中段較長的 **B** 對放，疊在 **A** 之上。

11.再把剩下的兩個切面 **C** 對放，疊在 **B** 之上。

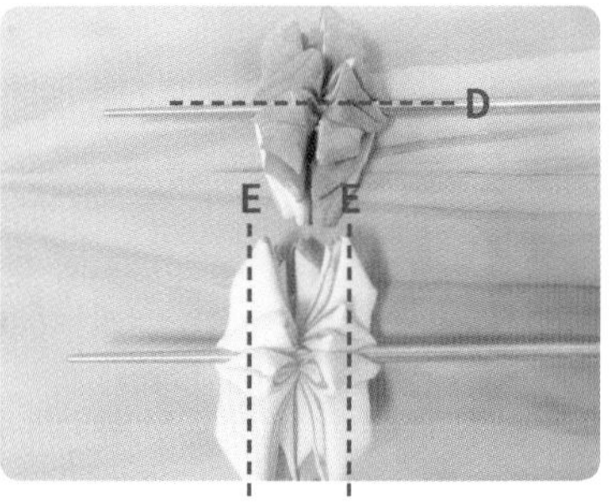

12. 用筷子對著兩個 **C** 的尖點（**D** 線條），往下壓。

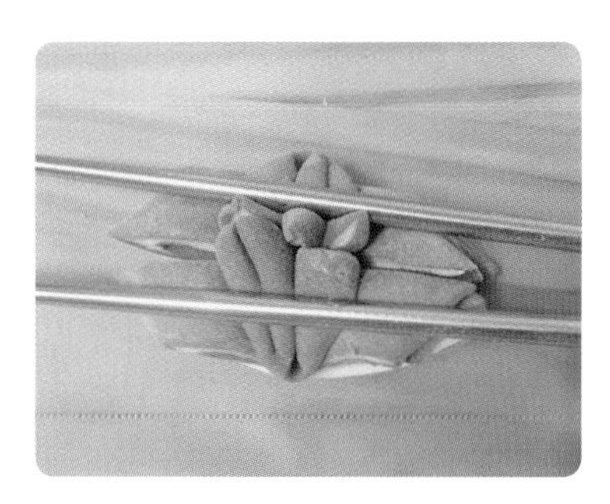

13. 再用筷子，放在兩邊的上方（**E** 線條）往下壓。

14. 筷子再往中間鼓起，讓花紋呈現出來。

15. 整理一下翻過來的花紋，擦上少許的沙拉油，作品完成，準備做最後發酵。

D. 最後發酵

16. 依 P.18「麵團練功密技」的「最後發酵」過程，完成發酵狀態。

E. 蒸製

17. 依 P.20「麵團練功密技」的「蒸製」過程，水滾後，以中大火蒸 12 分鐘，熄火後再燜 2 分鐘即可。

18. 小清新花捲完成。

漢克老師小叮嚀

麵皮在對折之前不要抹油，不然在步驟 **14** 筷子往中間鼓起時，會因為油的關係而黏不住，等到步驟 **15** 全部作品完成後，再於表面擦油，這樣蒸好後才不會從中間裂開。

琵琶結花捲

份量
6個

彈一曲琵琶，對你訴衷情！

材料 Recipe!

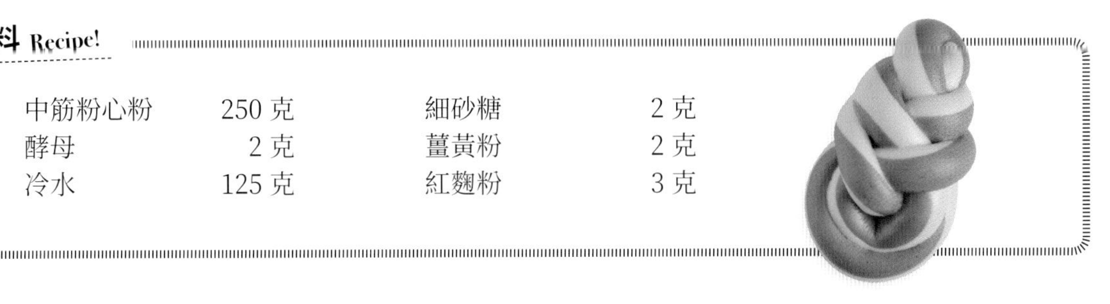

中筋粉心粉	250 克	細砂糖	2 克
酵母	2 克	薑黃粉	2 克
冷水	125 克	紅麴粉	3 克

做法 step by step!

A. 攪拌 & 揉製

1. 將中筋粉心粉、酵母、冷水及細砂糖放入鋼盆中，依 P.14「麵團練功密技」的「攪拌」、「揉製」過程，將麵團揉至光滑。

B. 調色

2. 將光滑麵團分割出 190 克，加入 1 克薑黃粉，揉成黃色麵團；其餘麵團加入 1 克薑黃粉及紅麴粉，揉成紅色麵團備用。

C. 整型

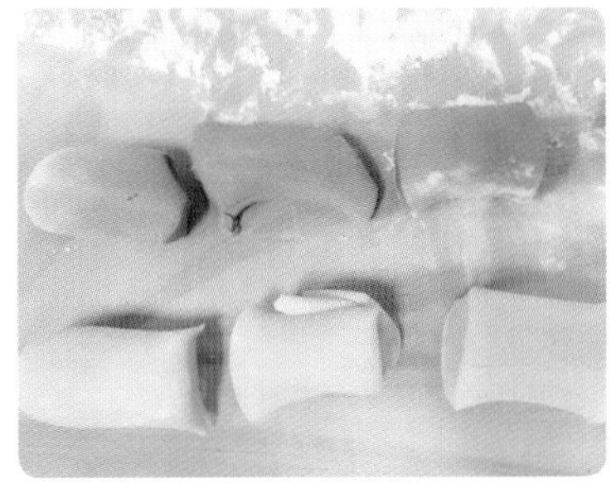

3. 將兩份麵團分別搓長，每 30 克切一刀備用。

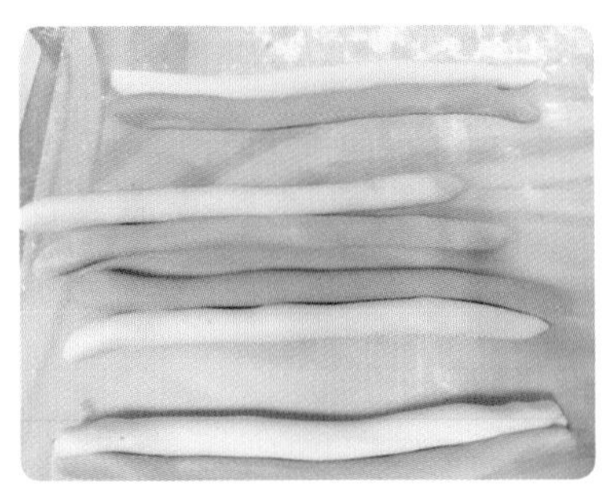

4. 分別將 30 克的麵條搓成約 20 公分長麵條。

5. 將兩個不同顏色的長麵條扭成麻花狀。

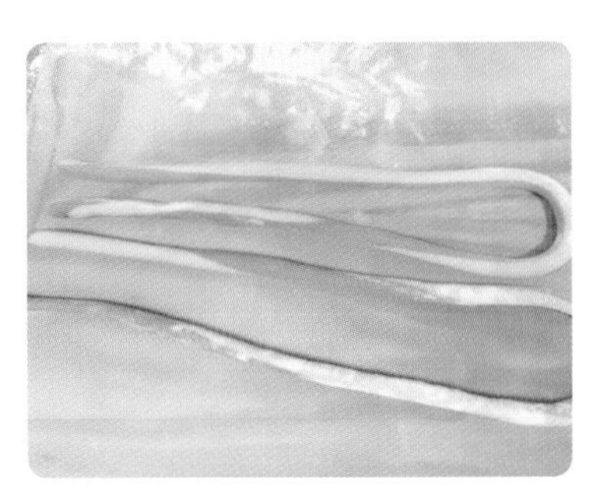

6. 再將麻花狀的麵條，搓長至約 80 公分。

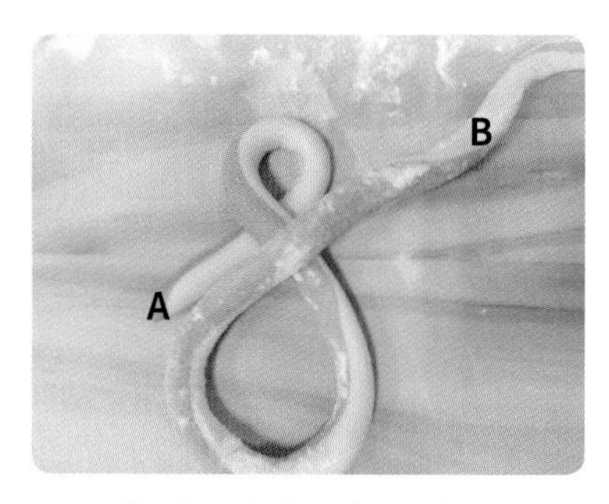

7. 按圖示繞成一個 8 字。

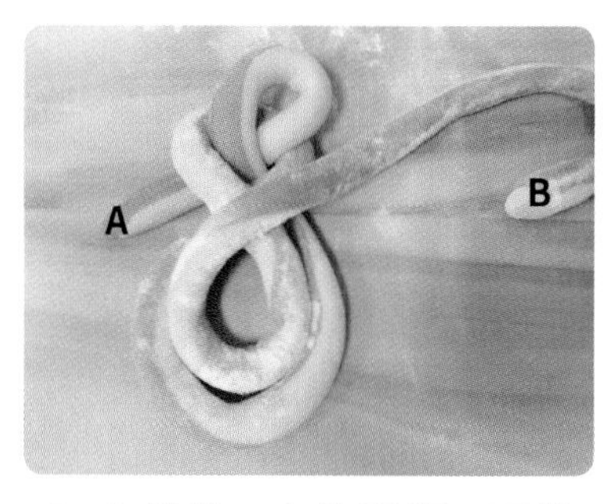

8. B 繞過 8 字的頸部，再做一個 8 字。

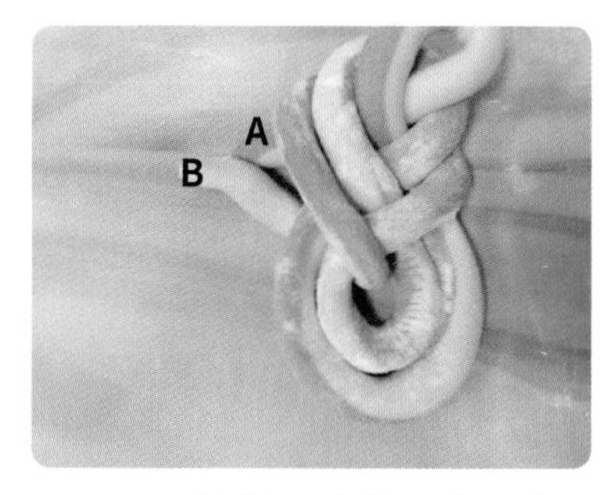

9. B 再繞過 8 字的頸部，把線頭往中間穿過。

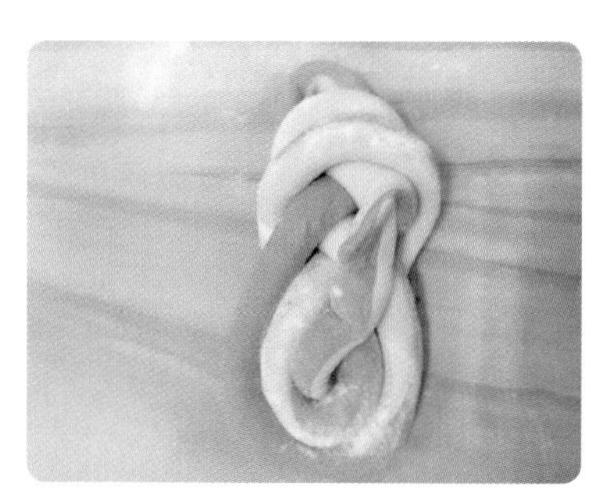

10. 翻面，將兩個線頭捏合在一起。

11. 作品完成，準備做最後發酵。

D. 最後發酵

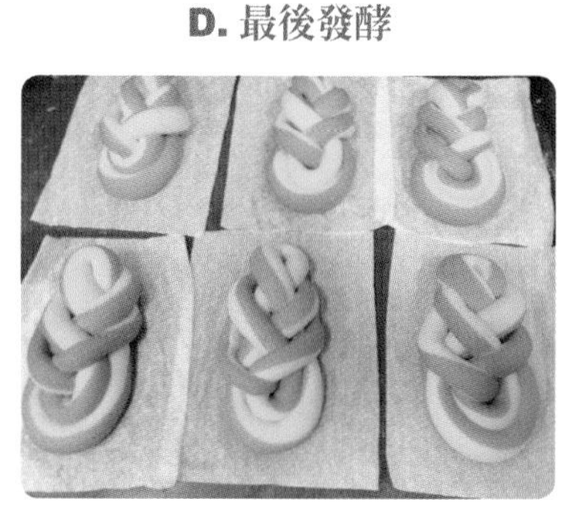

12. 依 P.18「麵團練功密技」的「最後發酵」過程，完成發酵狀態。

E. 蒸製

13. 依 P.20「麵團練功密技」的「蒸製」過程，水滾後，以中大火蒸 12 分鐘，熄火後再燜 2 分鐘即可。

14. 琵琶結花捲完成。

漢克老師小叮嚀

- ✓ 在搓成步驟 **5** 的麻花捲後，用手壓平再搓長條。如果發現因為有粉，而無法搓長，可以在手上沾少許水，再搓就容易多了。
- ✓ 搓好步驟 **6** 的長條時，手上要沾少許的粉，做步驟 **8** 的過程才不會因為黏住而無法操作。

皇冠花捲

份量 6個

戴起皇冠，你是我的王國！

材料 Recipe!

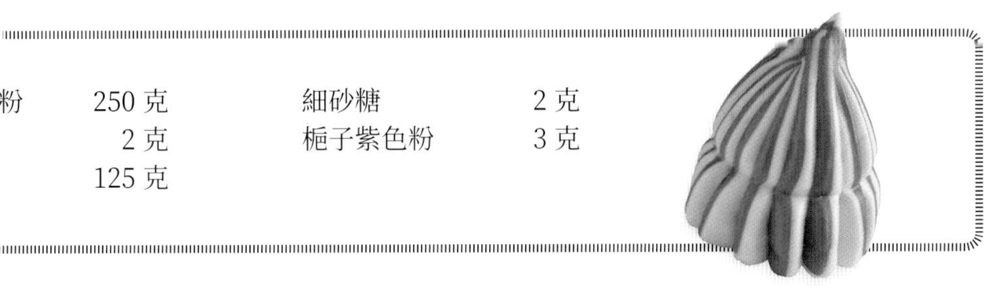

中筋粉心粉	250 克	細砂糖	2 克
酵母	2 克	梔子紫色粉	3 克
冷水	125 克		

做法 step by step!

A. 攪拌 & 揉製

1. 將中筋粉心粉、酵母、冷水及細砂糖放入鋼盆中，依P.14「麵團練功密技」的「攪拌」、「揉製」過程，將麵團揉至光滑。

B. 調色

2. 將揉製好的麵團，取出一半，加入梔子紫色粉，揉成光滑的紫色麵團備用。

C. 整型

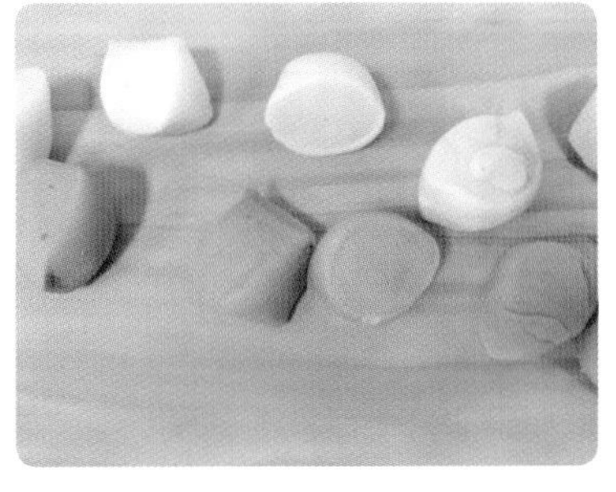

3. 將白色及紫色麵團分別搓長後，各切成 6 等份，每等份 30 克。

4. 將每等份麵團分別滾圓後，用手壓扁，用擀麵棍擀成直徑約 8 公分長的圓片。

5. 將兩色麵皮疊在一起，再用擀麵棍擀成直徑約 12 公分的麵皮。

6. 將每片麵皮均分成 8 等份。

7. 將 8 個麵皮如圖示堆疊起來。

8. 用筷子從中間往下壓。

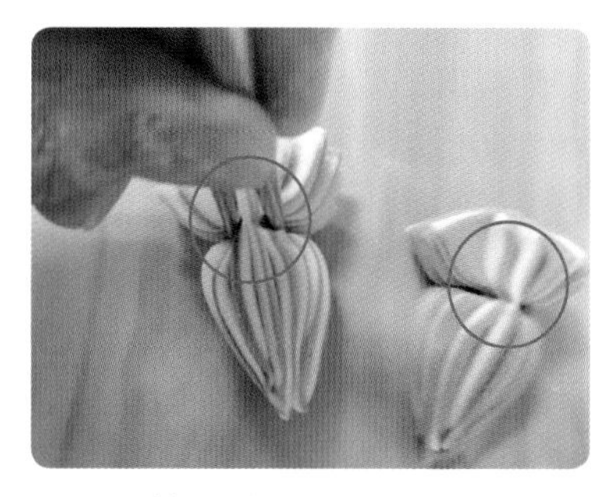

9. 以筷子在底部往上的 1/3 處夾起來。

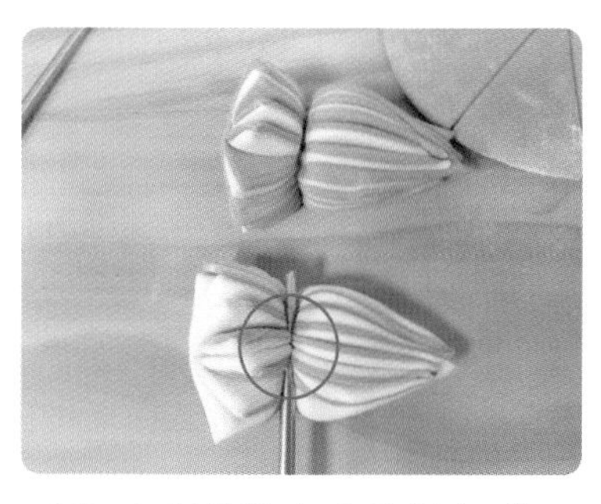

10. 夾起的地方會凸起來（如步驟 **9** 紅圈部分），用筷子再往下壓，與夾的地方深度一樣就可以了。

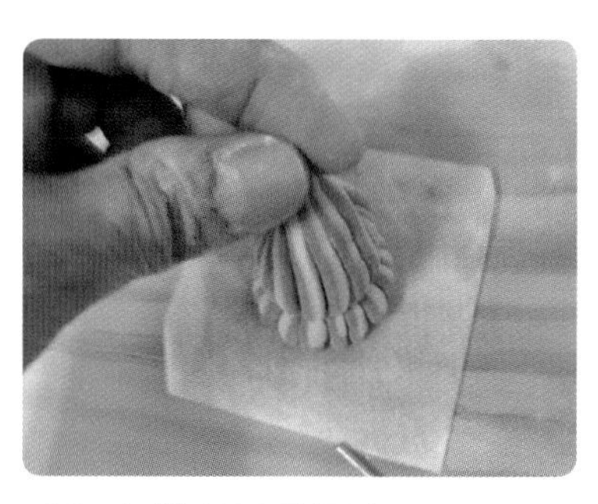

11. 尖端處用手捏尖。

12. 作品完成，準備做最後發酵。

D. 最後發酵

13. 依 P.18「麵團練功密技」的「最後發酵」過程，完成發酵狀態。

E. 蒸製

14. 依 P.20「麵團練功密技」的「蒸製」過程，水滾後，以中大火蒸 12 分鐘，熄火後再燜 2 分鐘即可。

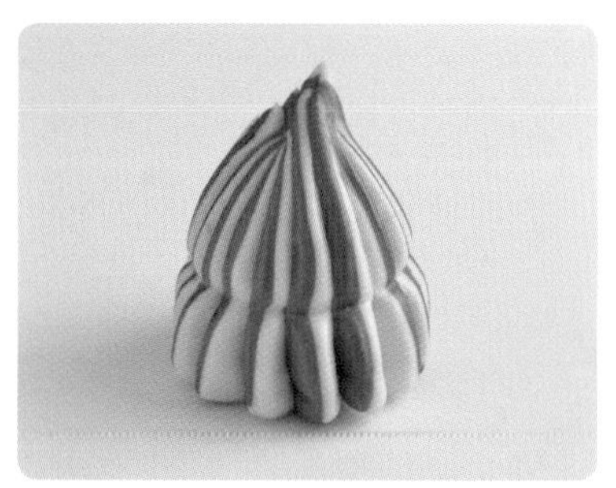

15. 皇冠花捲完成。

孔雀開屏花捲

份量
6個

孔雀開屏喜事來，
願你富貴又吉祥！

孔雀開屏花捲 · 做法 step by step!

材料 Recipe!

中筋粉心粉	250 克
酵母	2 克
冷水	125 克
細砂糖	2 克
梔子綠色粉	1 克
薑黃粉	1 克

A. 攪拌 & 揉製

1. 將中筋粉心粉、酵母、冷水及細砂糖放入鋼盆中，依P.14「麵團練功密技」的「攪拌」、「揉製」過程，將麵團揉至光滑。

B. 調色

2. 將光滑麵團切成兩半，其中一份加入薑黃粉，揉成黃色麵團；另一半加入梔子綠色粉，揉成綠色麵團備用。

C. 整型

3. 將麵團分別搓長，每種顏色的麵團切成 3 等份，滾圓備用。

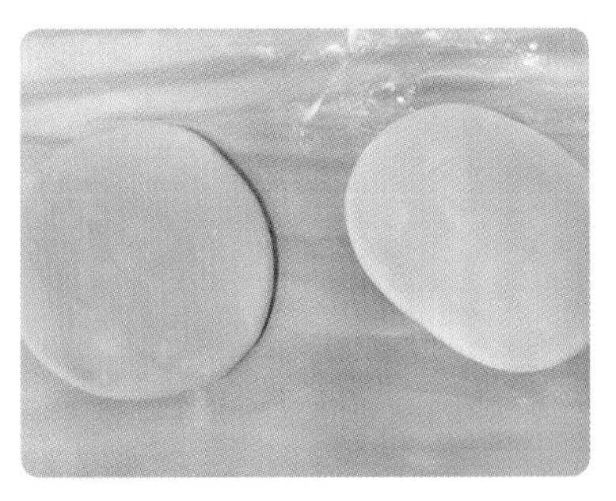

4. 將滾圓的麵團以擀麵棍擀成直徑約 12 公分的麵皮。

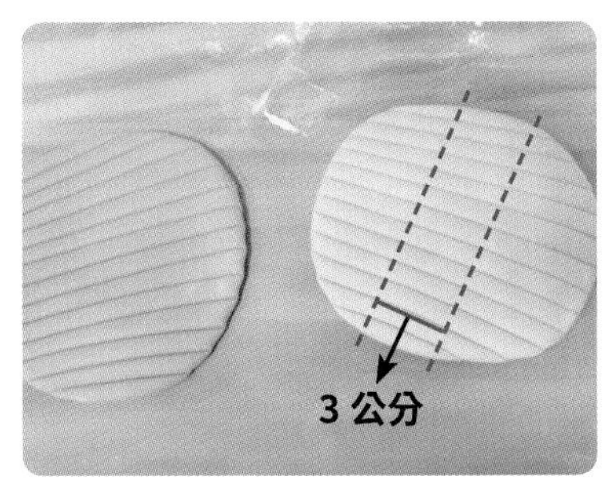

5. 用刮板每 0.5 公分壓出紋路，不要太用力將麵皮切斷。

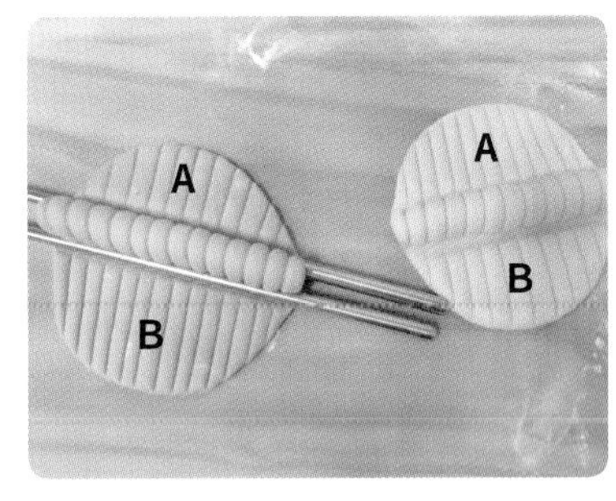

6. 取筷子與紋路呈 90 度，在靠近中央的地方，用筷子將約 3 公分的皮夾起，再往中間將麵皮向上擠。

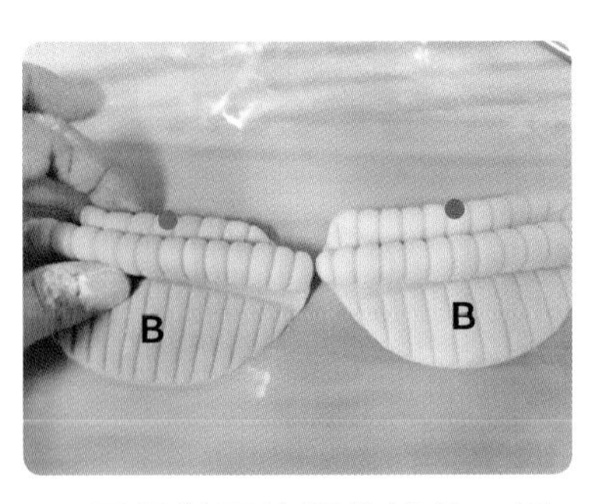

7. 再把前面較短的部分 **A** 折起來。

8. 中心點（● 紅點處）放顆棗子，用麵皮將棗子圍起，接合處捏成尖形。

D. 最後發酵

9. 另一邊 **B** 的邊緣用筷子刺洞（要刺穿），做成孔雀尾巴。

10. 作品完成，準備做最後發酵。

11. 依 P.18「麵團練功密技」的「最後發酵」過程，完成發酵狀態。

E. 蒸製

12. 依 P.20「麵團練功密技」的「蒸製」過程，水滾後，以中大火蒸 12 分鐘，熄火後再燜 2 分鐘即可。

13. 孔雀開屏花捲完成。

漢克老師小叮嚀

步驟 **8** 捲起的地方要捏緊，否則發酵或蒸的時候容易蹦開。

貝殼花捲

份量 6個

拾起一個個小貝殼，把祕密放在裡面。

材料 Recipe!

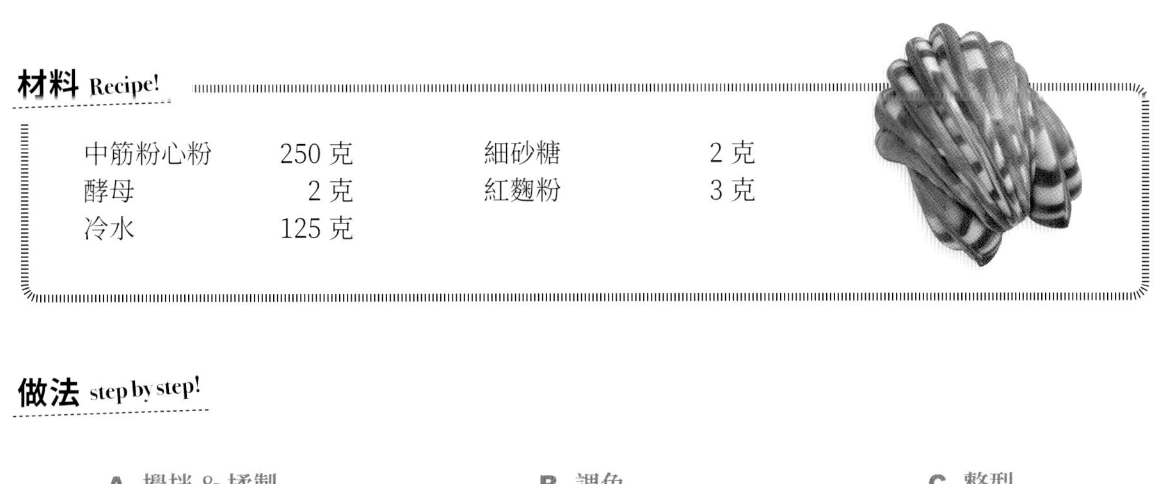

中筋粉心粉	250 克	細砂糖	2 克
酵母	2 克	紅麴粉	3 克
冷水	125 克		

做法 step by step!

A. 攪拌 & 揉製

1. 將中筋粉心粉、酵母、冷水及細砂糖放入鋼盆中，依P.14「麵團練功密技」的「攪拌」、「揉製」過程，將麵團揉至光滑。

B. 調色

2. 將光滑麵團切成 2 等份，其中一份加入紅麴粉，揉成紅色麵團備用。

C. 整型

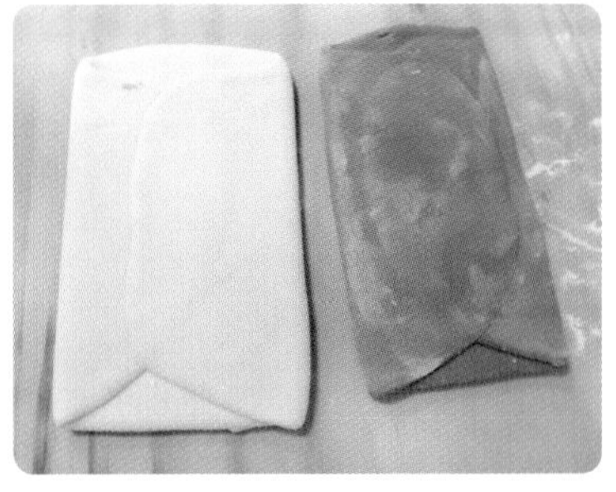

3. 將兩色麵團分別搓長，以擀麵棍擀成長 20 公分 × 寬 10 公分的長方形。

4. 將兩個麵皮疊起，再擀成長 40 公分 × 寬 10 公分的長方形麵皮。

5. 從短邊由上往下捲起。

6. 每 2 公分切一刀，切面朝上。

7. 將切開的麵團用手壓平，以擀麵棍擀成直徑約 12 公分長的圓麵皮。

8. 將圓麵皮切成 8 等份，每 4 等份的麵片堆疊成一組。

9. 兩組麵皮以反方向堆疊起來，中間放上筷子往下壓。

10. 再用手將尖部往後壓。

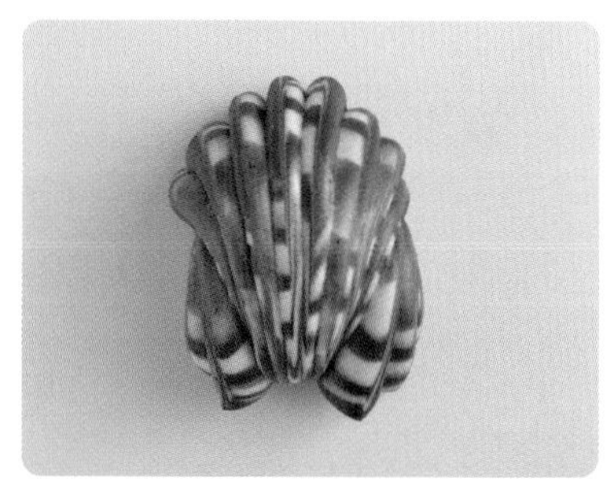

11. 作品完成，準備做最後發酵。

D. 最後發酵

12. 依 P.18「麵團練功密技」的「最後發酵」過程，完成發酵狀態。

E. 蒸製

13. 依 P.20「麵團練功密技」的「蒸製」過程，水滾後，以中大火蒸 12 分鐘，熄火後再燜 2 分鐘即可。

14. 貝殼花捲完成。

漢克老師小叮嚀

步驟 **5** 在捲時，要從短邊捲，層次會比較多。收口處可用擀麵棍壓薄，抹上少許的水，捲到最後比較貼合，也不會因為有粉黏不住，影響後續操作。

花蕊花捲

送你一束花，願你平安喜樂！

材料 Recipe!

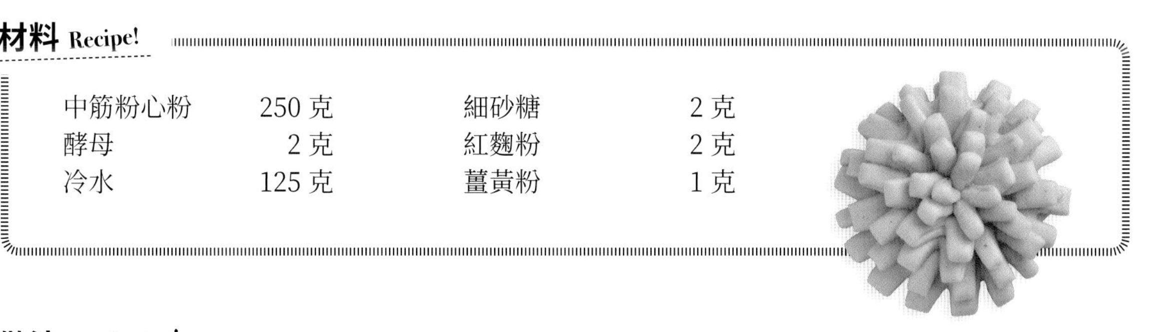

中筋粉心粉	250 克	細砂糖	2 克
酵母	2 克	紅麴粉	2 克
冷水	125 克	薑黃粉	1 克

做法 step by step!

A. 攪拌 & 揉製

1. 將中筋粉心粉、酵母、冷水及細砂糖放入鋼盆中，依P.14「麵團練功密技」的「攪拌」、「揉製」過程，將麵團揉至光滑。

B. 調色

2. 將光滑麵團切成兩半，其中一份加入薑黃粉，揉成黃色麵團；另一半加入紅麴粉，揉成紅色麵團備用。

C. 整型

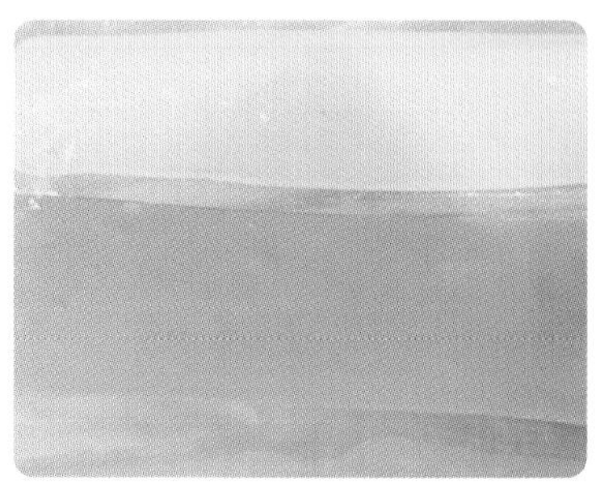

3. 將兩份麵團分別搓長後，以擀麵棍擀成長 40 公分 × 寬 12 公分的長麵皮。

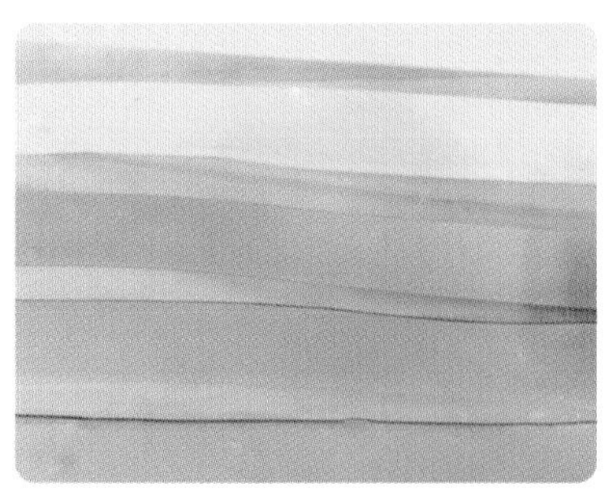

4. 將 2 色麵皮，分別用刀每 4 公分切一刀，成長條麵皮。

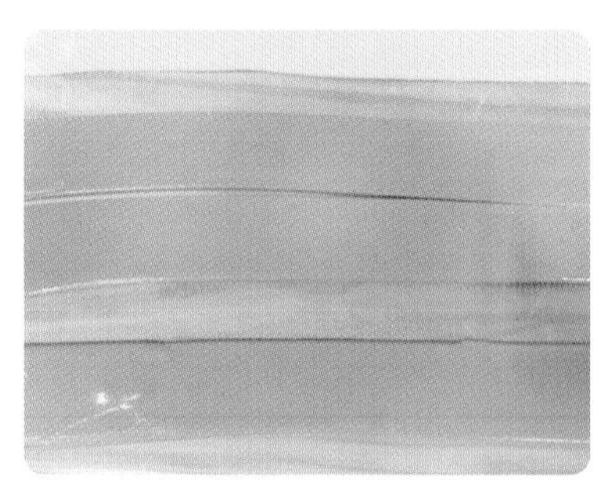

5. 每張長條麵皮上都刷上沙拉油。

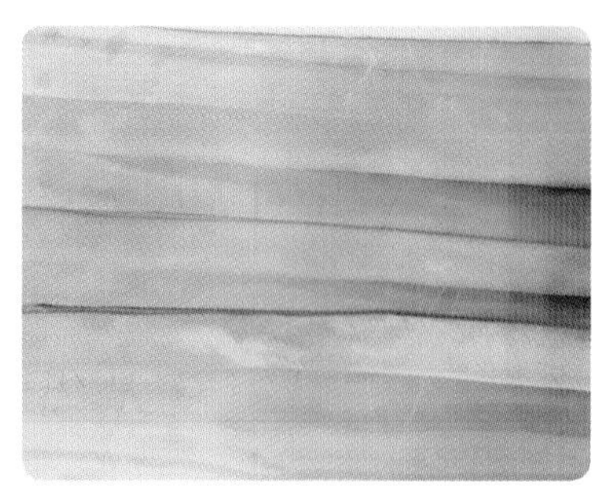

6. 長條對折，刷油面朝內。

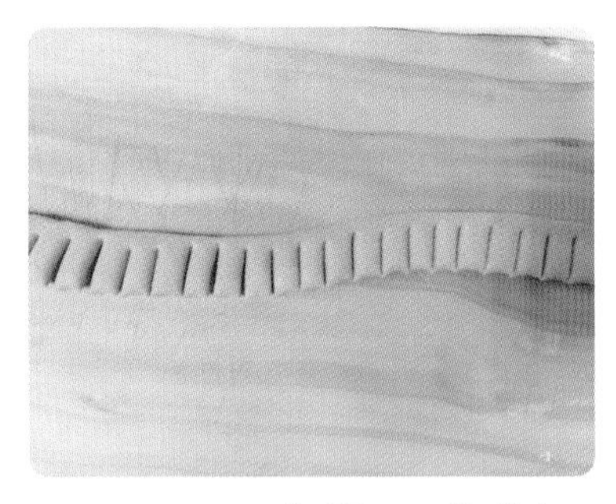

7. 再用刀子每隔 0.5 公分切一刀，不要將長條切斷。

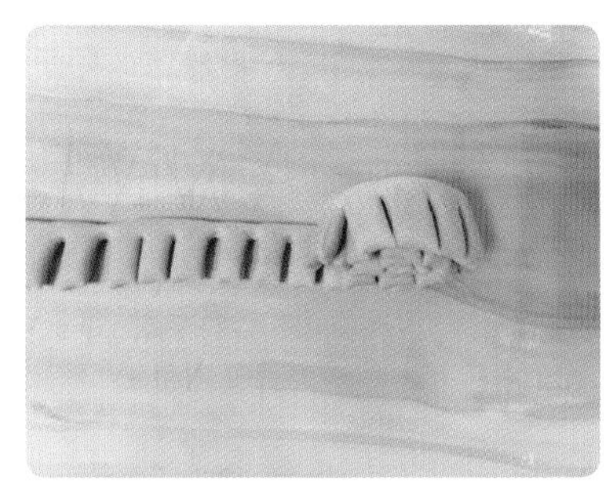

8. 切好後，從右邊或從左邊滾捲起來。

9. 作品完成，準備做最後發酵。

D. 最後發酵

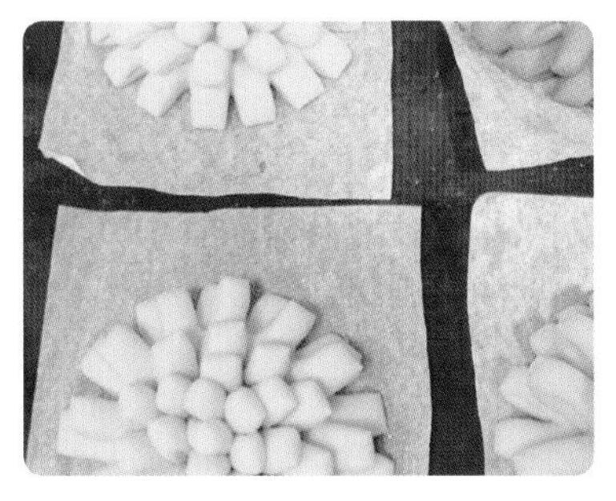

10. 依 P.18「麵團練功密技」的「最後發酵」過程，完成發酵狀態。

E. 蒸製

11. 依 P.20「麵團練功密技」的「蒸製」過程，水滾後，以中大火蒸 12 分鐘，熄火後再燜 2 分鐘即可。

12. 花蕊花捲完成。

漢克老師小叮嚀

✓ 步驟 **5** 切好的麵條要抹油，對折蒸好後，切開的層次才會明顯、漂亮；不抹油跟沒有切的結果是一樣的，蒸出來皮太厚，變得沒有層次感。

✓ 步驟 **8** 捲起的過程到最後，可以在尾端沾些水較容易貼合，也可以用手將尾端跟前面底部的麵皮捏在一起。

多重菊花捲

份量 5個

千古重陽賞菊花，今日把酒話桑麻。

材料 Recipe!

中筋粉心粉	200 克	細砂糖	2 克
酵母	2 克	薑黃粉	1 克
冷水	100 克	梔子綠色粉	2 克

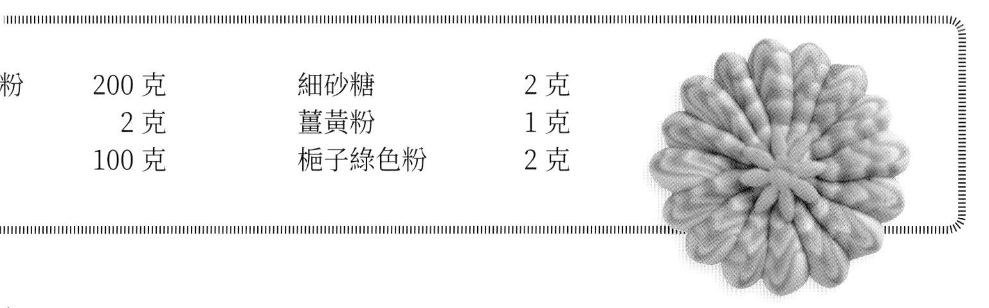

做法 step by step!

A. 攪拌 & 揉製

1. 將中筋粉心粉、酵母、冷水及細砂糖放入鋼盆中，依 P.14「麵團練功密技」的「攪拌」、「揉製」過程，將麵團揉至光滑。

B. 調色

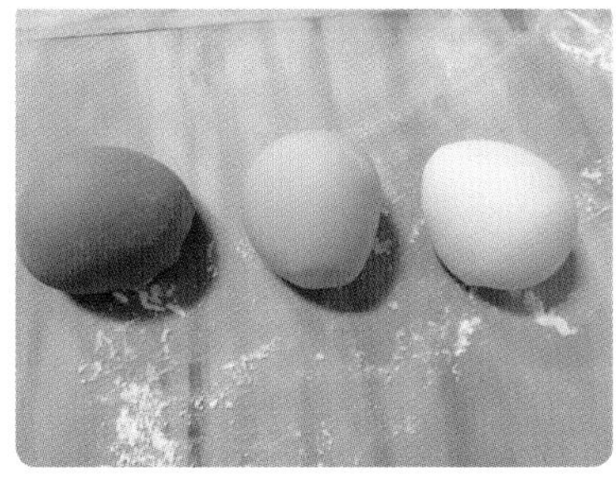

2. 將光滑麵團切成 3 等份，其中一份加入梔子綠色粉，揉成綠色麵團；另一份加入薑黃粉，揉成黃色麵團備用。

C. 整型

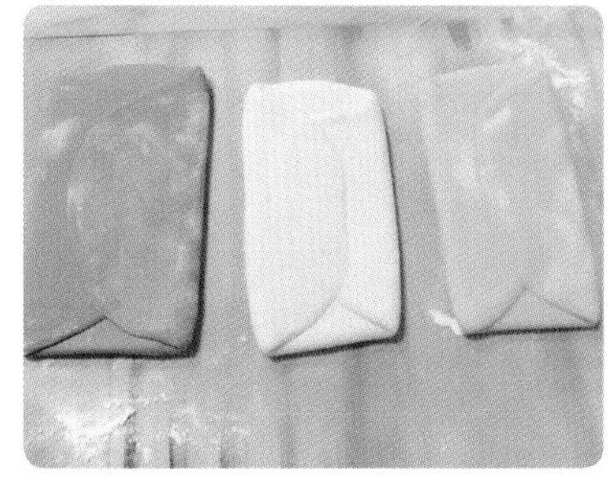

3. 將麵團都擀成約長 20 公分 × 寬 10 公分的長方形麵皮。

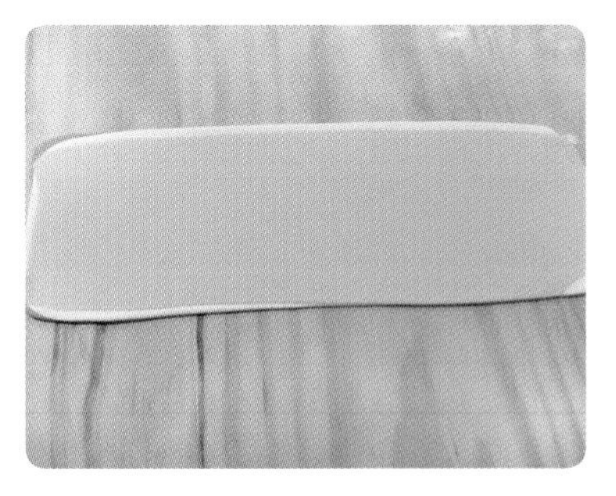

4. 將三色麵皮疊在一起，再次擀開成長 40 公分 × 寬 10 公分的長方形麵皮。

5. 從短邊方向捲起。

6. 捲好後，每 2 公分切一刀，切面朝上，剩餘的麵團留下備用。

7. 將麵團撒上麵粉防沾，以手壓平後，再用擀麵棍擀開成直徑約 8 ～ 9 公分的圓麵皮。

8. 先用切蘋果器對準中心點，往下壓出明顯刀紋。

9. 再用刀子，延著刀紋將麵皮切斷。

10. 再從中間再切一刀，做出更多花瓣效果。

11. 把切好的麵片切口依序翻上。

12. 取步驟 **6** 剩餘麵團擀平，用花模印上花樣。

13. 將花樣貼在花芯中間，再用筷子在中間刺個孔，讓花朵更立體。

14. 作品完成，準備做最後發酵。

D. 最後發酵

15. 依 P.18「麵團練功密技」的「最後發酵」過程，完成發酵狀態。

E. 蒸製

16. 依 P.20「麵團練功密技」的「蒸製」過程，21 水滾後，以中大火蒸 12 分鐘即可。

17. 多重菊花捲完成。

漢克老師小叮嚀

- ✓步驟 **7** 在擀皮時不要擀太大，直徑約 8 ～ 9 公分即可，因為在翻的過程中會拉長，往往會超過饅頭紙的大小，擀太薄，翻出來的層次也不明顯。
- ✓步驟 **8** ～ **10** 的過程，記得刀子要利，一刀切斷，刀下後往後拉，確保完全切斷，後面操作才不會受到影響。
- ✓步驟 **8** ～ **10** 建議一氣呵成，切好後要馬上翻，不要等到所有麵團切好再翻。因為切好後，麵皮的切口很快就會黏在一起，如果黏起來了再切，花紋會變得不好看。
- ✓此款造型的基礎版為 P.79「菊花花捲」，讀者可參考製作。

核桃花捲

一口咬下的是軟軟的紅豆餡，好甜蜜！

材料 Recipe!

中筋粉心粉	300 克	梔子綠色粉	3 克
酵母	3 克	紅麴粉	5 克
冷水	150 克	紅豆沙餡	150 克
細砂糖	3 克		

做法 step by step!

A. 攪拌 & 揉製

1. 將中筋粉心粉、酵母、冷水及細砂糖放入鋼盆中，依 P.14「麵團練功密技」的「攪拌」、「揉製」過程，將麵團揉至光滑。

B. 調色

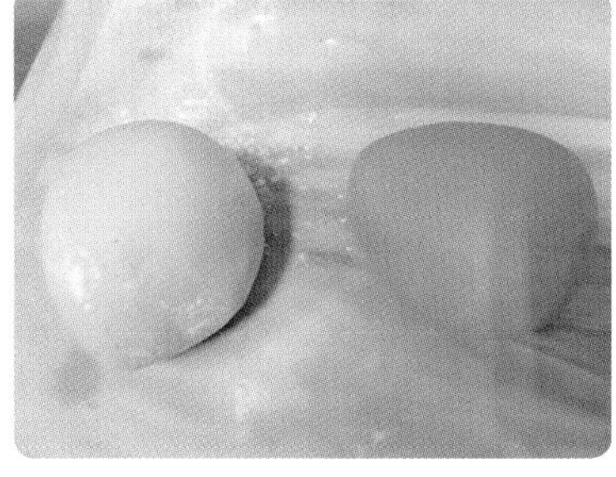

2. 將光滑麵團切成 150 克及 250 克，其中一份加入梔子綠色粉，揉成綠色麵團；另一份加入紅麴粉，揉成紅色麵團備用。

C. 整型

3. 將綠色及紅色麵團分別搓長後，每 50 克一份；紅豆沙每 15 克一份，分別滾圓後備用。

4. 將紅、綠麵團分別擀開，麵皮稍微擀大（旁邊薄，中間厚）就好，直徑約 8 公分大小，不要擀太大，因為豆沙餡並不多。

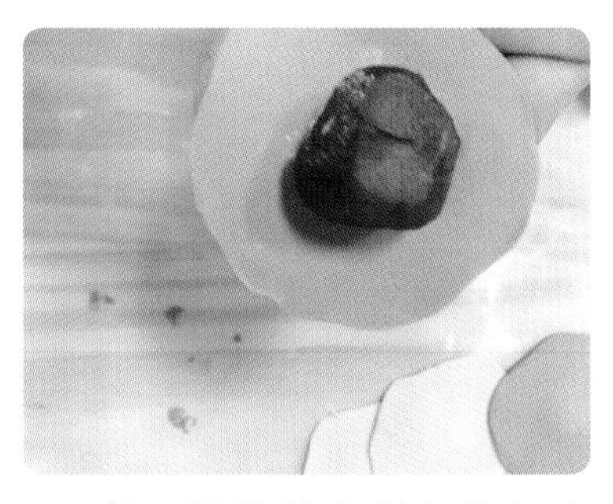

5. 將豆沙餡放在擀好的麵皮上。

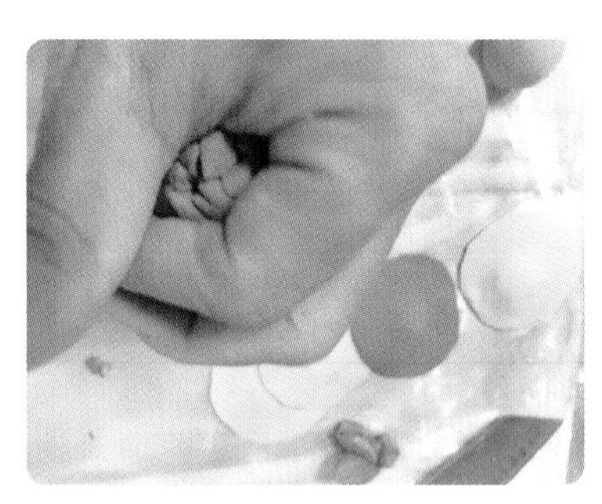

6. 包入豆沙餡後，直接用虎口收口。

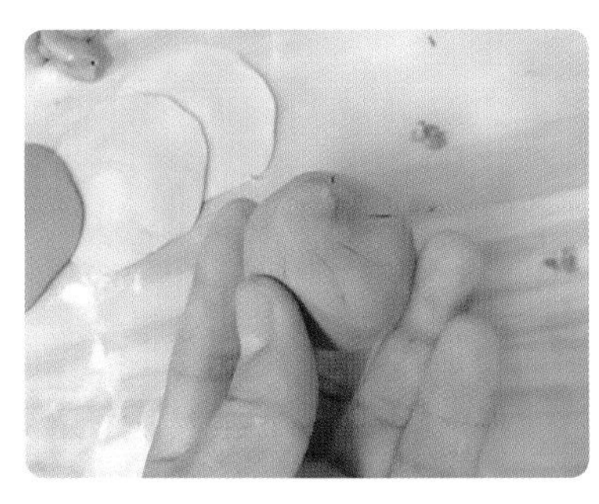

7. 收口要捏，不能看到豆沙餡。

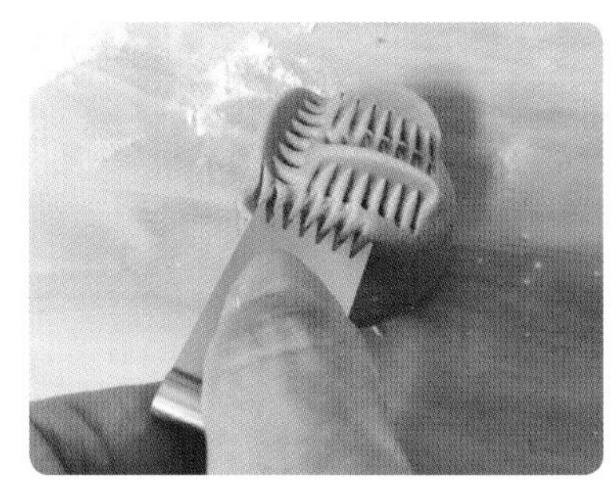

8. 包好後，用麵點夾夾出夾痕。

9. 作品完成，準備做最後發酵。

D. 最後發酵

10. 依 P.18「麵團練功密技」的「最後發酵」過程，完成發酵狀態。

E. 蒸製

11. 依 P.20「麵團練功密技」的「蒸製」過程，水滾後，以中大火蒸 12 分鐘，熄火後再燜 2 分鐘即可。

12. 核桃花捲完成。

漢克老師小叮嚀

- ✓ 步驟 **7** 將餡料包好後，將尾端尖的部分往內壓個孔，再把孔的周遭壓平，這樣夾好後，放在饅頭紙上時才會平。
- ✓ 步驟 **8** 在用麵點夾之前，可以先在麵團表面抹少許麵粉，手拿麵團才不會變軟變濕，用夾子夾的時候，也不會將皮拉到變形。
- ✓ 這是花捲中唯一有包餡的產品，如果不包餡，在發酵過程中，因為膨脹，夾過的地方會消失，只留下夾過的孔洞而已，反而失去夾的目的了。

雙蝶花捲

份量 6個

蝶舞花間，醉在春天裡……

雙蝶花捲．做法 step by step!

材料 Recipe!

中筋粉心粉	250 克
酵母	2 克
冷水	125 克
細砂糖	2 克
蝶豆花粉	2 克

A. 攪拌 & 揉製

1. 將中筋粉心粉、酵母、冷水及細砂糖放入鋼盆中，依 P.14「麵團練功密技」的「攪拌」、「揉製」過程，將麵團揉至光滑。

B. 調色

2. 將光滑麵團分割出 190 克，加入蝶豆花粉，揉成藍色麵團備用。

C. 整型

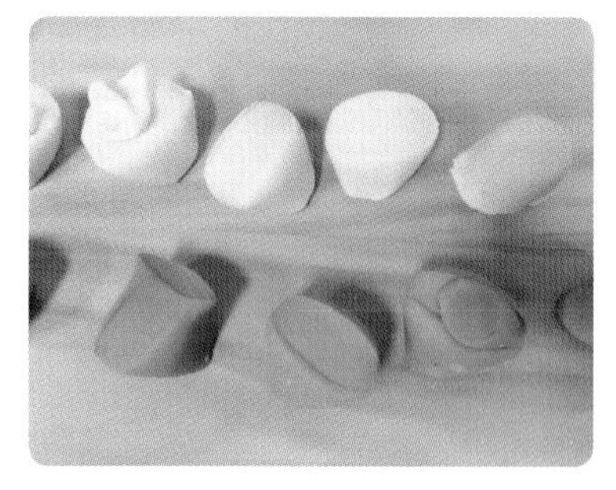

3. 將藍色及白色麵團分別搓長後，各自切割成 6 份，每份 30 克，滾圓後備用。

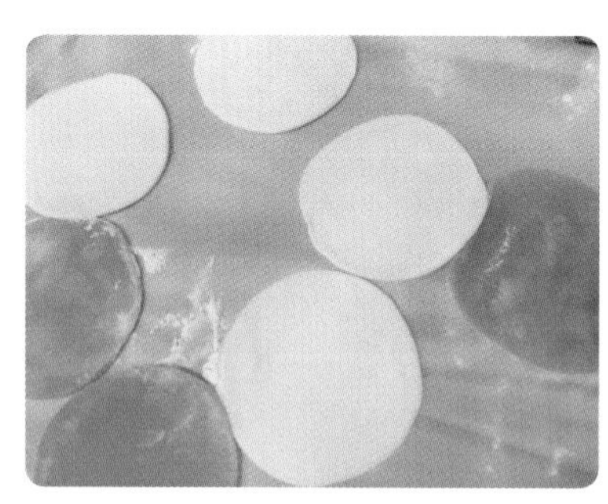

4. 將滾圓好的麵團壓扁，以擀麵棍擀成直徑約 8 公分的圓片。

5. 將白色麵皮放在藍色麵皮上，再以擀麵棍擀開成直徑約 12 公分大小的圓麵皮。

6. 將麵皮分割成 8 片。

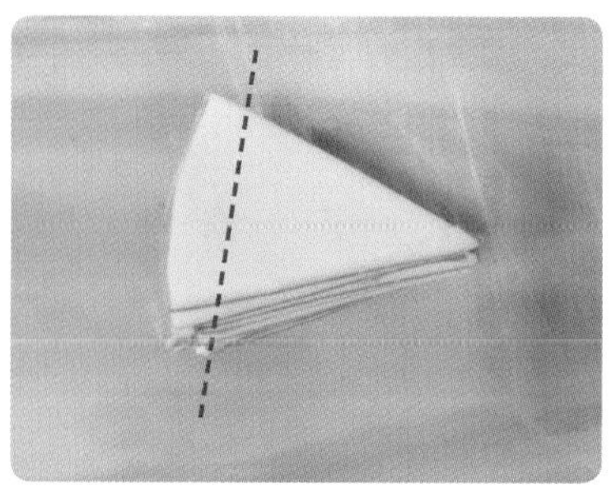

7. 將 8 片堆疊在一起。

8. 用筷子在底部從上往下約 1 公分處（見步驟 **7** 虛線處）壓下。

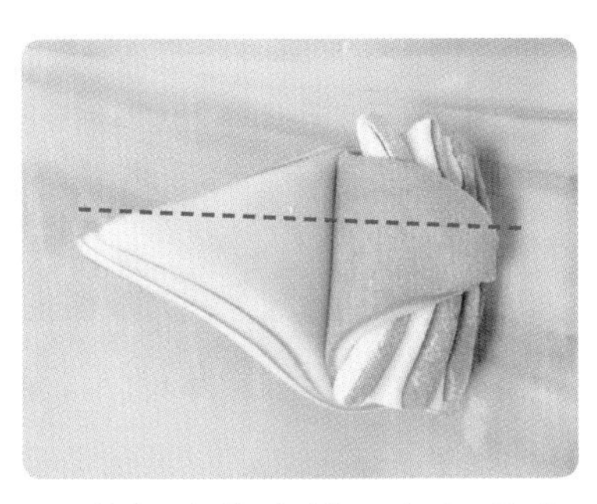

9. 將麵皮的尖端一個個往上翻。

10. 翻好後，用筷子在剛才翻起麵皮的 2/3 處（見步驟 **9** 虛線處）稍微壓一下，不要壓太深。

11. 作品完成，準備做最後發酵。

D. 最後發酵

12. 依 P.18「麵團練功密技」的「最後發酵」過程，完成發酵狀態。

E. 蒸製

13. 依 P.20「麵團練功密技」的「蒸製」過程，水滾後，以中大火蒸 12 分鐘，熄火後再燜 2 分鐘即可。

14. 雙蝶花捲完成。

漢克老師小叮嚀

步驟 **9** 將麵皮尖端往上翻時，如果黏不住，接觸的地方可以沾水。

好運圍繞花捲

份量 6個

把好運都圍起來，繞在你身邊！

材料 Recipe!

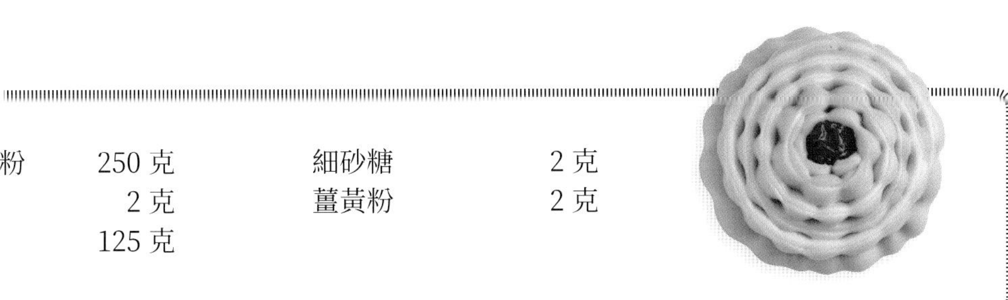

中筋粉心粉	250 克	細砂糖	2 克
酵母	2 克	薑黃粉	2 克
冷水	125 克		

做法 step by step!

A. 攪拌 & 揉製

1. 將中筋粉心粉、酵母、冷水及細砂糖放入鋼盆中，依P.14「麵團練功密技」的「攪拌」、「揉製」過程，將麵團揉至光滑。

B. 調色

2. 將光滑麵團切割出 190 克，加入薑黃粉，揉成黃色麵團備用。

C. 整型

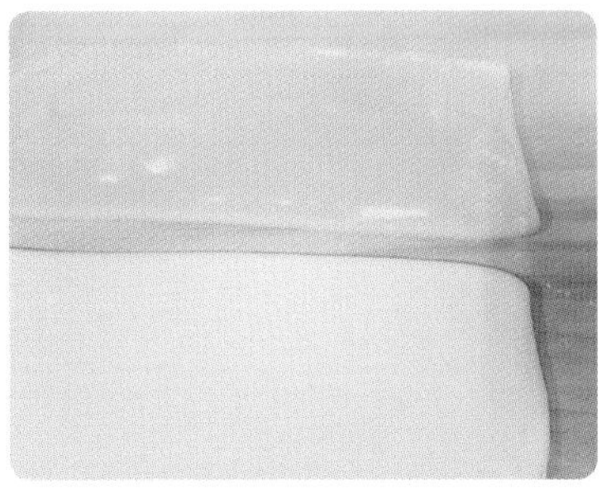

3. 將兩份麵團分別搓長後，以擀麵棍分別擀成長 40 公分 × 寬 10 公分的長麵皮。

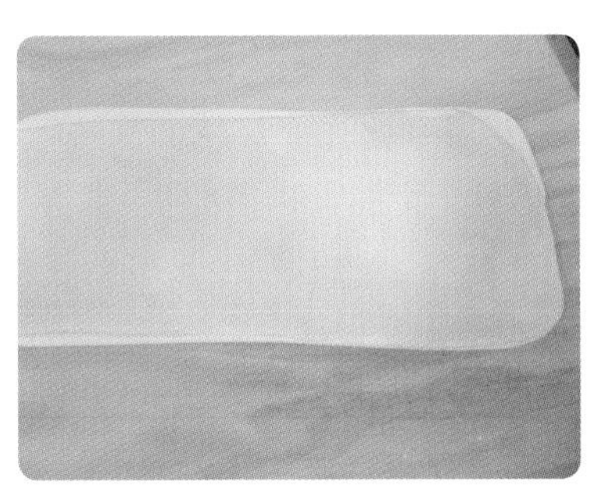

4. 把黃色麵皮貼在白色麵皮上，再用擀麵棍擀成 50 公分 × 寬 10 公分的麵皮。

5. 用刀將麵皮切出 1.5 公分寬的長麵條，共 6 條。

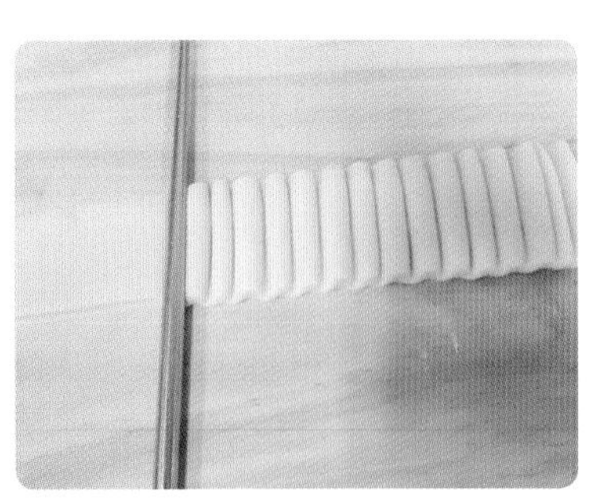

6. 用筷子在黃色麵皮上壓出紋路。

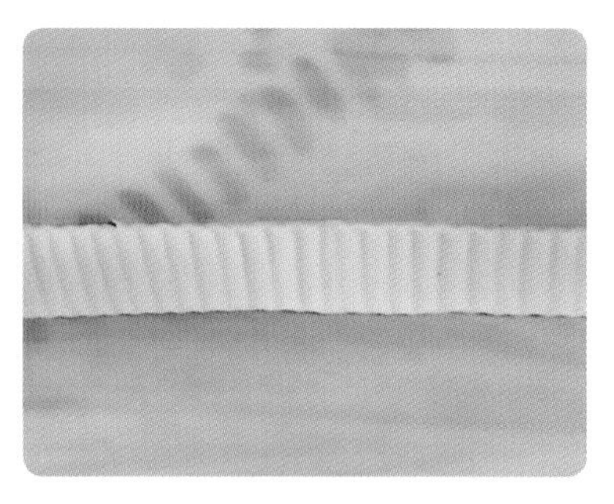

7. 壓好後，麵皮翻面，將白色麵皮朝上。

8. 將麵皮慢慢捲起，不要捲太緊；也可以夾一顆棗子再捲。

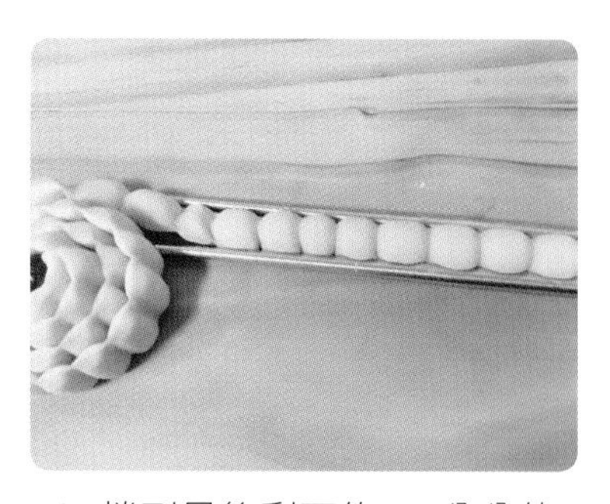

9. 捲到最後剩下約 10 公分的長度，將後段用兩支筷子從兩側向中間擠攏起。

10. 交接的地方沾點水黏合。

11. 作品完成，準備做最後發酵。

D. 最後發酵

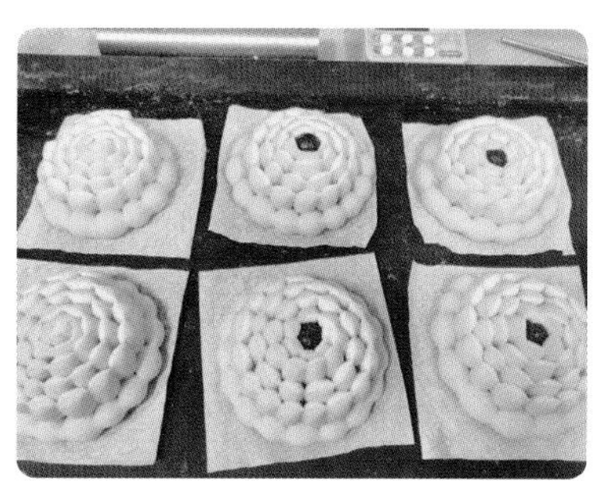

12. 依 P.18「麵團練功密技」的「最後發酵」過程，完成發酵狀態。

E. 蒸製

13. 依 P.20「麵團練功密技」的「蒸製」過程，水滾後，以中大火蒸 12 分鐘，熄火後再燜 2 分鐘即可。

14. 好運圍繞花捲完成

漢克老師小叮嚀

步驟 6 壓花紋時，桌面要撒少許麵粉，壓紋時才不會黏在桌上，翻面時才好操作。在黃色麵皮上也要撒上少許麵粉，筷子才不會黏在麵皮上。

春意盎然花捲

春天來了！
讓人心花朵朵開！

春意盎然花捲・做法 step by step!

材料 Recipe!

中筋粉心粉	200 克
酵母	2 克
冷水	100 克
細砂糖	2 克
紅麴粉	3 克

A. 攪拌 & 揉製

1. 將中筋粉心粉、酵母、冷水及細砂糖放入鋼盆中，依P.14「麵團練功密技」的「攪拌」、「揉製」過程，將麵團揉至光滑。

B. 調色

2. 將光滑麵團切出 200 克，加入紅麴粉，揉成紅色麵團備用。

C. 整型

3. 將紅色及白色麵團分別搓長後，紅色麵團每 38 克、白色麵團每 20 克一顆，各 5 顆，滾圓後備用。

4. 將滾圓好的麵團壓扁，以擀麵棍擀成直徑約 8 公分的圓片。

5. 將白色麵皮放在紅色麵皮上，再以擀麵棍擀開成直徑約 10 公分大小的圓麵皮。

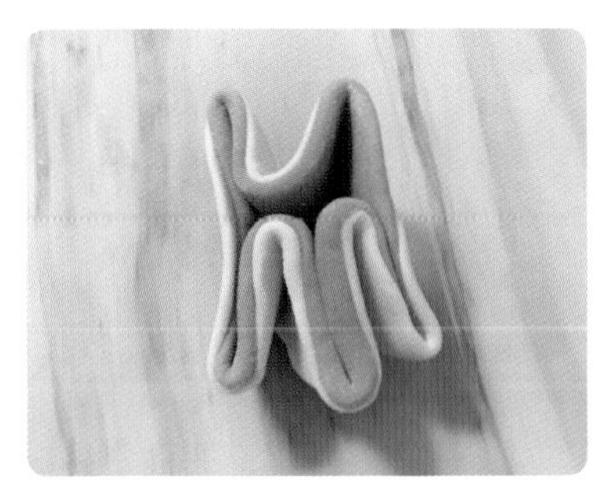

6. 先折出等長的三個角，再將對面的麵皮從中間往裡面壓，就成為五角形。

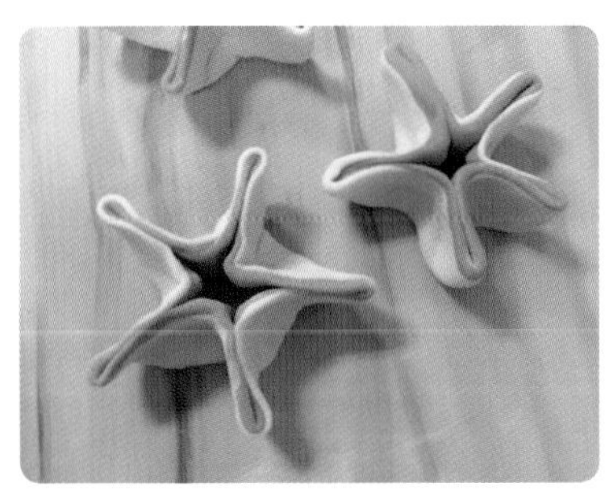

7. 再把五角整理均勻。

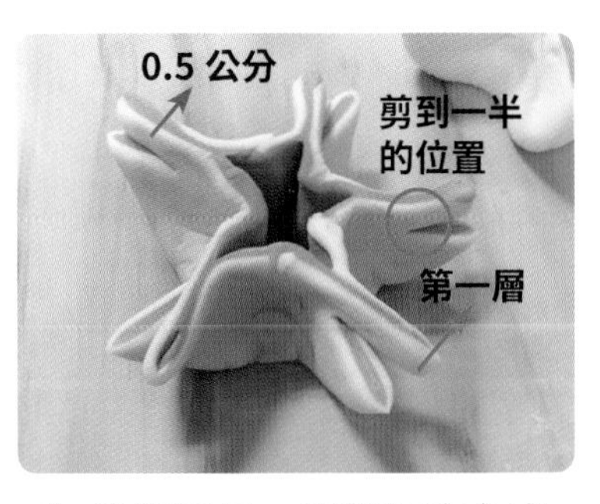

8. 參考圖示，用剪刀在每角下方 0.5 公分的地方，往中間剪一半。

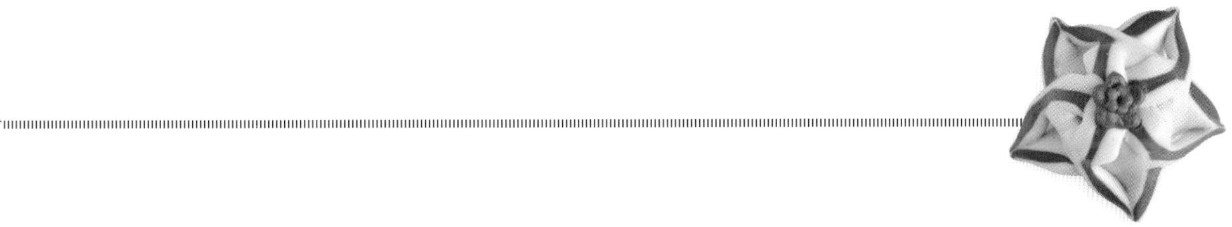

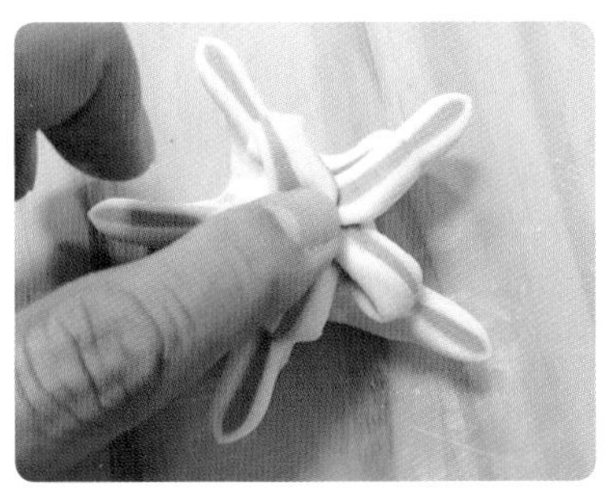

9. 參考圖示，把剪好的麵皮依序往上翻面黏在一起。

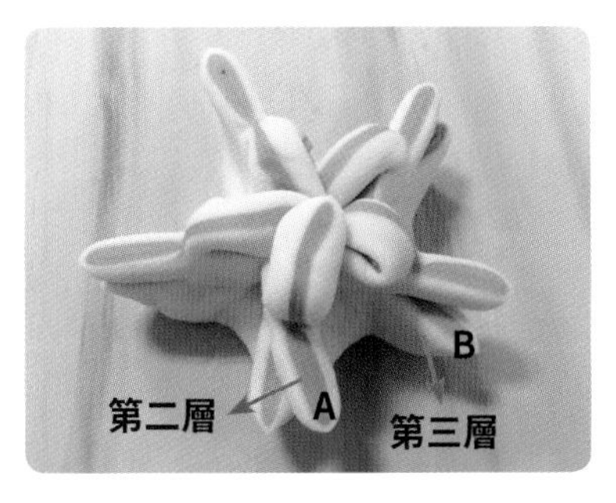

10. 再用剪刀把每個角往下 0.5 公分往中間剪一刀。

11. 由第二層的 **A** 角接到旁邊另一角的第三層 **B**，捏合在一起，依序完成所有花瓣。注意不要把麵皮拉得太長，以免最後花瓣形狀大小不一，花形就不好看。

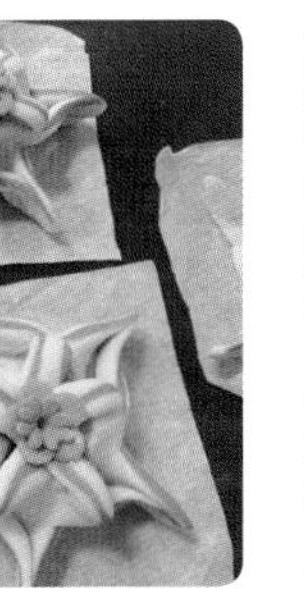

12. 將剩下的紅麵團擀大，用花模壓出花形，放在做好的花上。作品完成，準備做最後發酵。

D. 最後發酵

13. 依 P.18「麵團練功密技」的「最後發酵」過程，完成發酵狀態。

E. 蒸製

14. 依 P.20「麵團練功密技」的「蒸製」過程，水滾後，以中大火蒸 12 分鐘，熄火後再燜 2 分鐘即可。

15. 春意盎然花捲完成。

漢克老師小叮嚀

✓ 將步驟 **8** 及步驟 **10**，都只剪到一半的位置。不要剪太深，以免花形不優。

✓ 步驟 **11** 是將第二層的 A 與第三層的 B 連結，如此一來花朵才有立體感。

兔子花捲

份量 6個

三隻小兔子相依偎，好溫馨的畫面！

材料 Recipe!

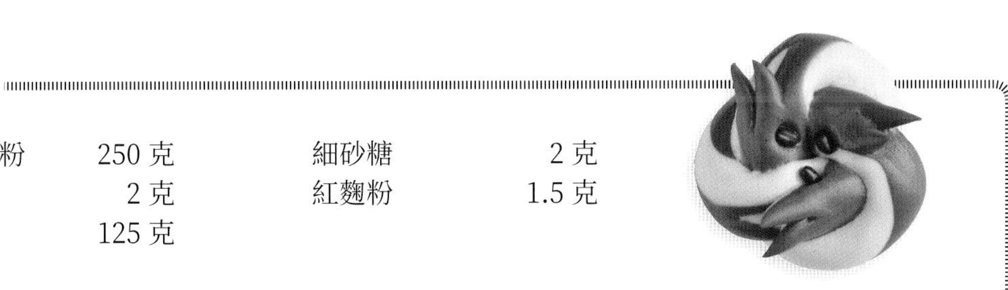

中筋粉心粉	250 克	細砂糖	2 克
酵母	2 克	紅麴粉	1.5 克
冷水	125 克		

做法 step by step!

A. 攪拌 & 揉製

1. 將中筋粉心粉、酵母、冷水及細砂糖放入鋼盆中，依P.14「麵團練功密技」的「攪拌」、「揉製」過程，將麵團揉至光滑。

B. 調色

2. 將揉製好的麵團，取出一半加入紅麴粉，揉成光滑的紅色麵團備用。

C. 整型

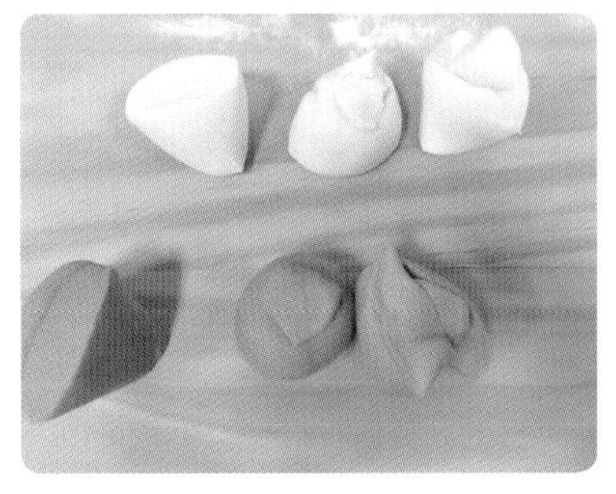

3. 將白色及紅色麵團分別搓長後，各切成 6 等份，每等份 30 克，滾圓備用。

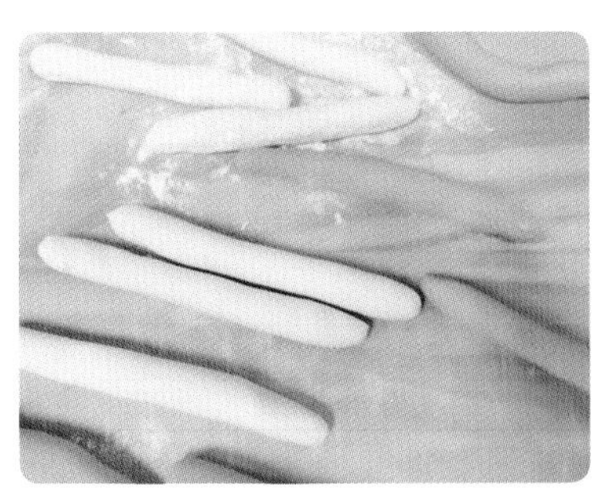

4. 將滾圓的麵團搓成長條。

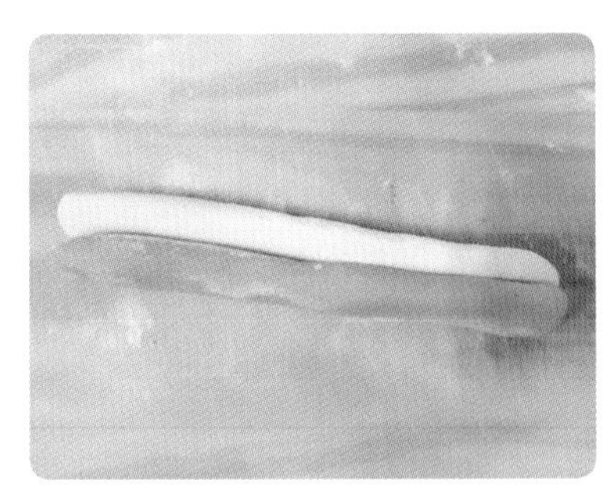

5. 兩個不同顏色的長條擺在一起。

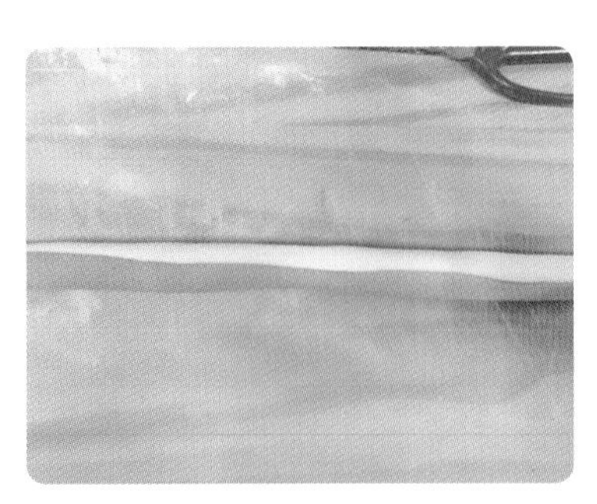

6. 再一起搓長至約 25 公分。

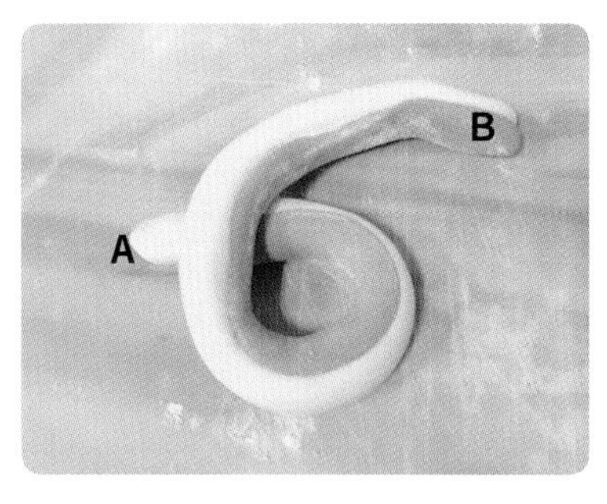

7. 依圖示方式操作整型，將麵條捲成 6 字形。

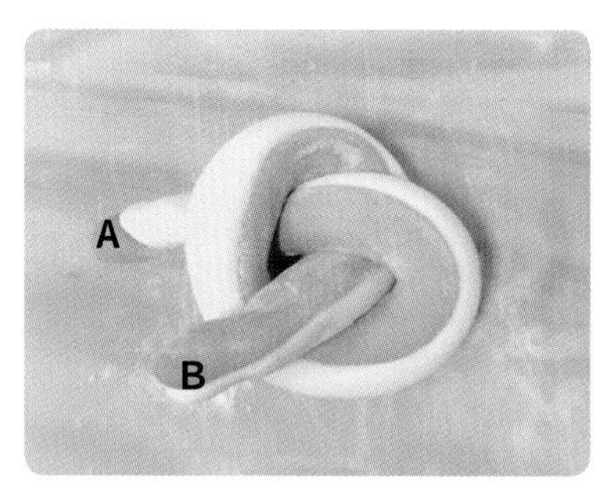

8. 按圖示方式操作，將長條穿入洞裡。

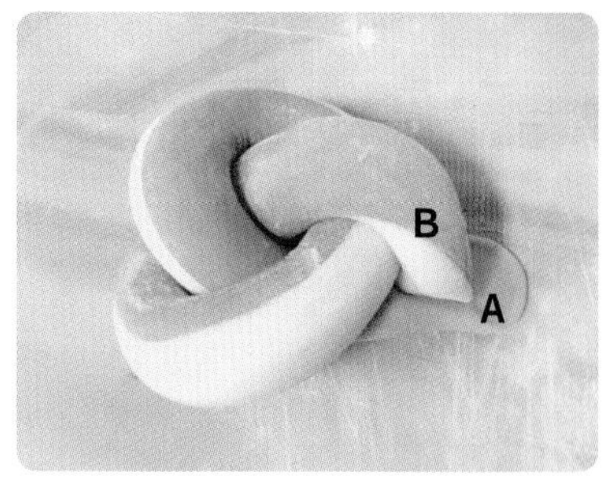

9. 按圖示，把頭尾 **A**、**B** 兩點捏在一起，再將它整理一下，放在底部。

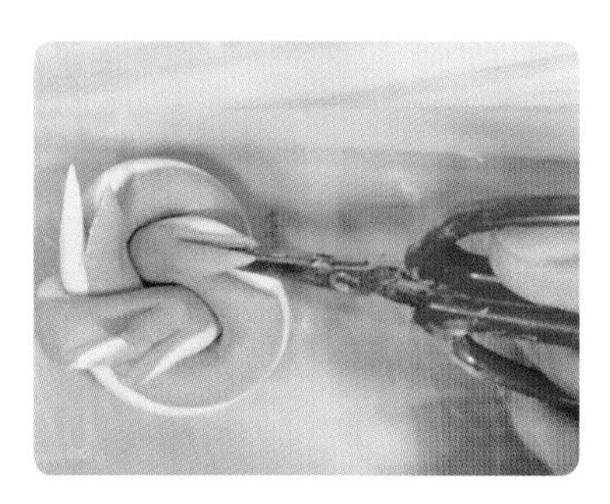

10. 用剪刀先把兔子的耳朵剪好。

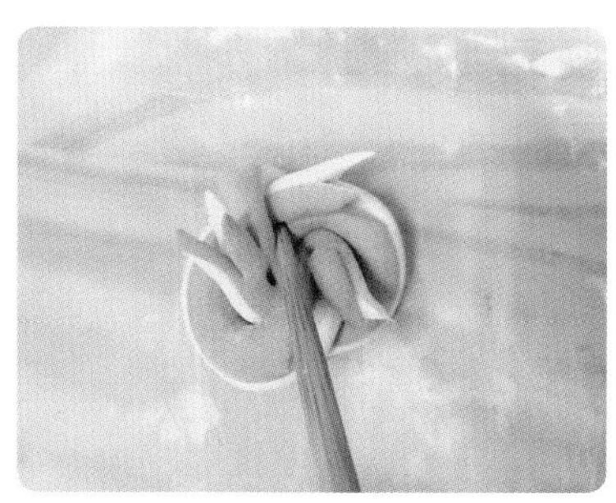

11. 再用筷子在耳朵下方位置刺個洞，等會再放上紅豆即可。

12. 洞上放上紅豆，作品完成，準備做最後發酵。

D. 最後發酵

13. 依 P.18「麵團練功密技」的「最後發酵」過程，完成發酵狀態。

E. 蒸製

14. 依 P.20「麵團練功密技」的「蒸製」過程，水滾後，以中大火蒸 12 分鐘，熄火後再燜 2 分鐘即可。

15. 兔子花捲完成。

高麗菜花捲

份量
5個

飽滿的高麗菜，
這顆肯定好吃！

材料 Recipe!

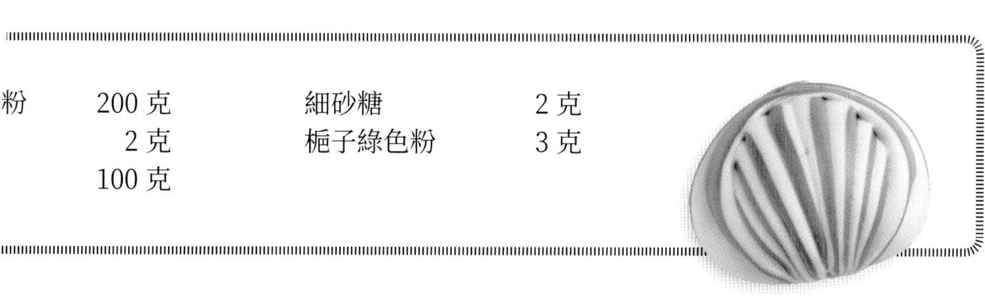

中筋粉心粉	200 克	細砂糖	2 克
酵母	2 克	梔子綠色粉	3 克
冷水	100 克		

做法 step by step!

A. 攪拌 & 揉製

1. 將中筋粉心粉、酵母、冷水及細砂糖放入鋼盆中，依P.14「麵團練功密技」的「攪拌」、「揉製」過程，將麵團揉至光滑。

B. 調色

2. 將光滑麵團切成 2 等份，其中一份加入梔子綠色粉，揉成綠色麵團備用。

C. 整型

3. 將綠色及白色麵團分別搓長後，每 30 克切一顆，各 5 顆，滾圓後備用。

4. 將滾圓好的麵團壓扁，以擀麵棍擀成直徑約 8 公分的圓片。

5. 將白色麵皮放在綠色麵皮上，再以擀麵棍擀開成直徑約 12 公分大小的圓麵皮。

6. 參考圖示，將每個麵皮先均分 4 等分，再把其中兩片各從中間切一刀。

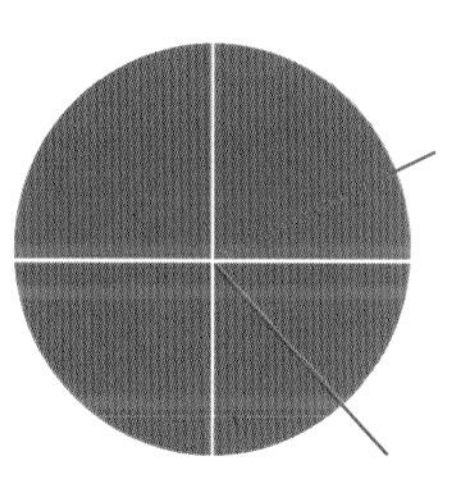

7. 6 塊麵皮由大到小堆疊起來。

8. 以筷子從中間往下壓。

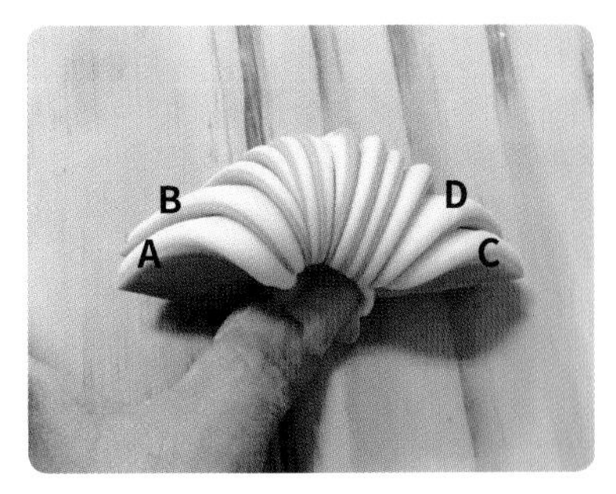

9. 將尖端的麵皮往後下壓，與最底部的麵皮捏合在一起。

10. 弧面回到前面，把最外兩層（**A～D**）的麵皮拉到中間捏合在一起。

11. 作品完成，準備最後發酵。

D. 最後發酵

12. 依 P.18「麵團練功密技」的「最後發酵」過程，完成發酵狀態。

E. 蒸製

13. 依 P.20「麵團練功密技」的「蒸製」過程，水滾後，以中大火蒸 12 分鐘，熄火後再燜 2 分鐘即可。

14. 高麗菜花捲完成。

漢克老師小叮嚀

此款造型的基礎版為 P.76「扇面花捲」，讀者可參考製作。

玲瓏花捲

一朵朵玲瓏花，祝你幸福又快樂！

玲瓏花捲・做法 step by step!

材料 Recipe!

中筋粉心粉	400 克
酵母	4 克
冷水	200 克
細砂糖	4 克
薑黃粉	1 克

A. 攪拌 & 揉製

1. 將中筋粉心粉、酵母、冷水及細砂糖放入鋼盆中，依P.14「麵團練功密技」的「攪拌」、「揉製」過程，將麵團揉至光滑。

B. 調色

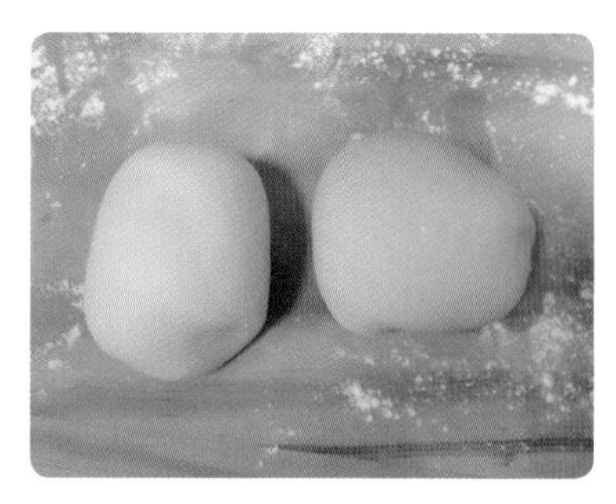

2. 將光滑麵團分成 2 等份，其中一份，加入薑黃粉，揉成黃色麵團備用。

C. 整型

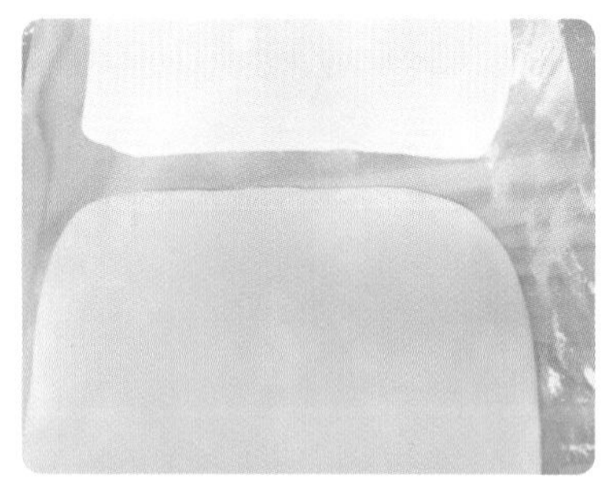

3. 將兩個麵團以擀麵棍擀成長 20 公分 × 寬 15 公分的長方形麵皮。

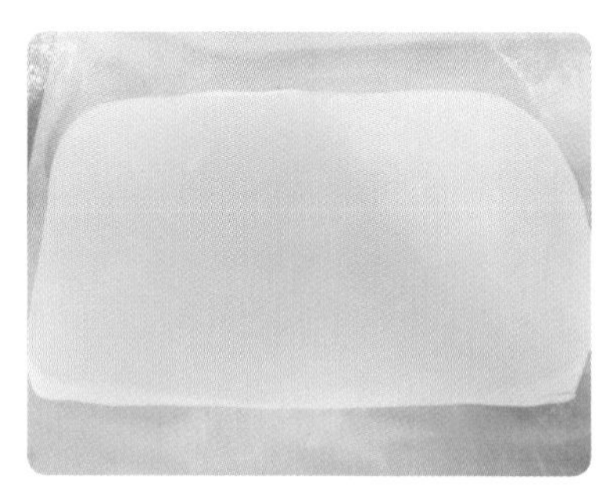

4. 把兩色麵皮疊在一起，再擀成長 35 公分 × 寬 24 公分的長方形麵皮。

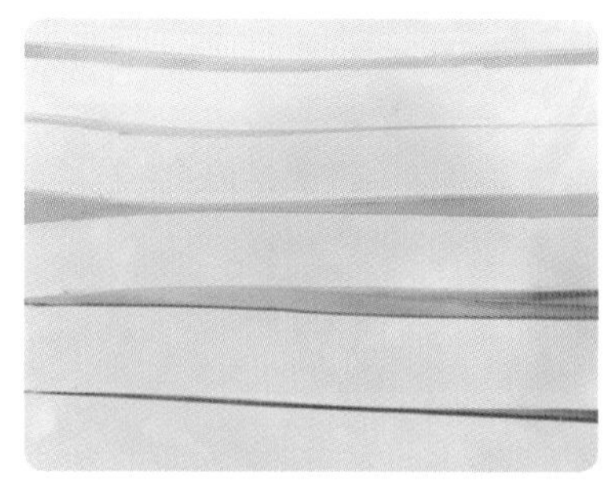

5. 將麵皮每 4 公分切一刀，共 6 條長條麵皮。

6. 用花模在長條的最前面壓出一個花型，將花朵留下來備用。從壓過花型的地方開始捲。

7. 捲好的麵團，用筷子從中間往壓下。

8. 用手把左右兩邊的麵皮往中間捏緊。

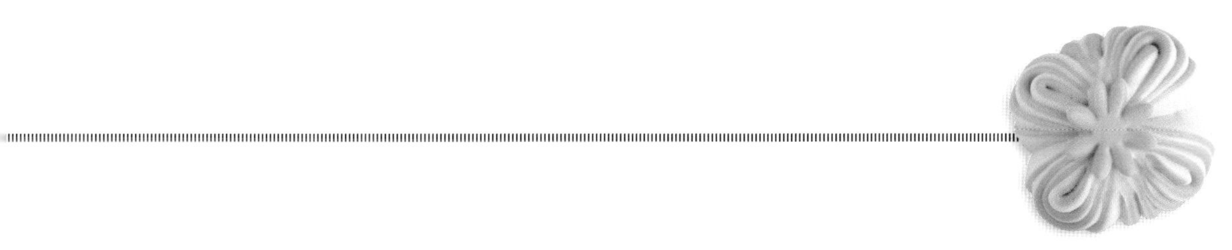

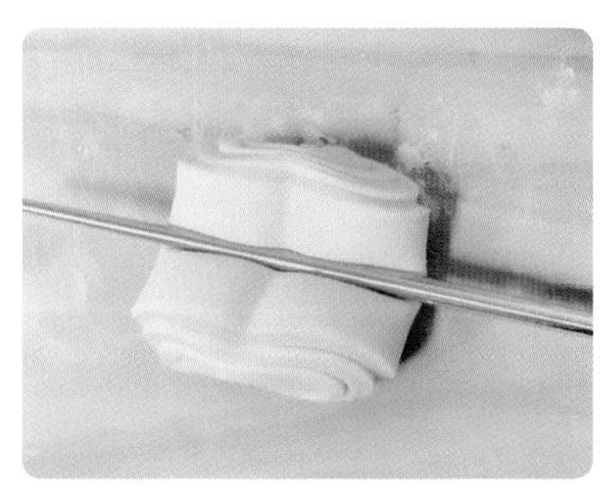

9. 翻面，按圖示方式，以筷子放中間往下壓。

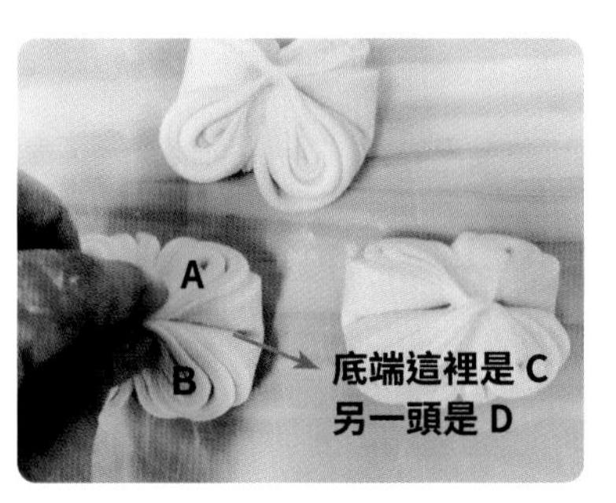

10.壓好後，上下凸起來的地方用手捏緊。

11.翻面，將下方的麵皮 **C** 與 **D** 麵皮捏緊。

12. 將步驟 **6** 壓好的花朵黏貼在最上頭。作品完成，準備做最後發酵。

D. 最後發酵

13. 依 P.18「麵團練功密技」的「最後發酵」過程，完成發酵狀態。

E. 蒸製

14. 依 P.20「麵團練功密技」的「蒸製」過程，水滾後，以中大火蒸 12 分鐘，熄火後再燜 2 分鐘即可。

15. 玲瓏花捲完成。

漢克老師小叮嚀

步驟 **5** 將麵皮切成條狀時，麵皮上抹少許的粉，切割時麵皮才不會黏在尺上，麵皮上撒少許粉不抹油，蒸好後，層次會顯現；如果抹了油，層次會分太開，反而不漂亮。

牡丹花捲

份量
5個

繁花似錦、絢麗燦爛，
多富貴的牡丹花！

材料 Recipe!

中筋粉心粉	200 克	細砂糖	2 克
酵母	2 克	紅麴粉	2 克
冷水	100 克		

做法 step by step!

A. 攪拌 & 揉製 **B. 調色** **C. 整型**

1. 將中筋粉心粉、酵母、冷水及細砂糖放入鋼盆中，依 P.14「麵團練功密技」的「攪拌」、「揉製」過程，將麵團揉至光滑。

2. 將光滑麵團分成 2 等份，其中一份加入紅麴粉，揉成紅色麵團備用。

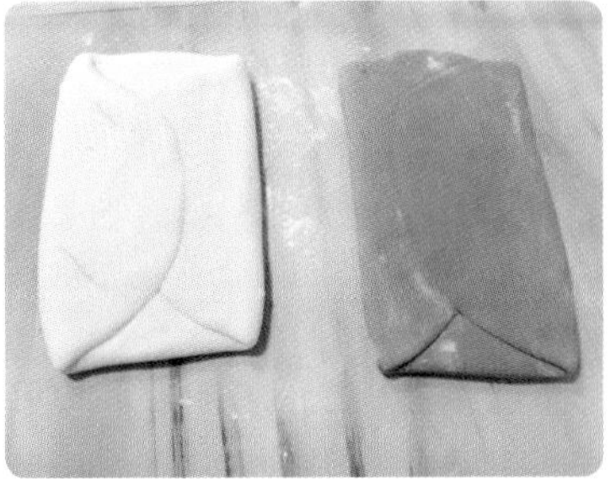

3. 將兩個麵團以擀麵棍擀成大致相同的長方形麵皮。

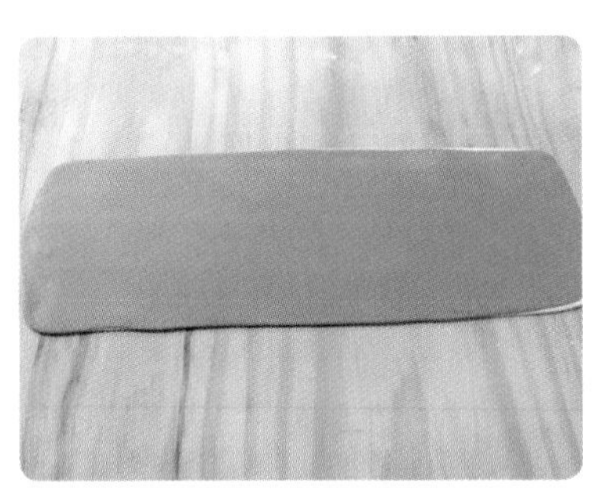

4. 把兩色麵皮疊在一起，再擀成長 50 公分 × 寬 14 公分的長方形麵皮。

5. 將長方形麵皮每 2.5 公分切一刀，共切出 5 條長條麵皮。

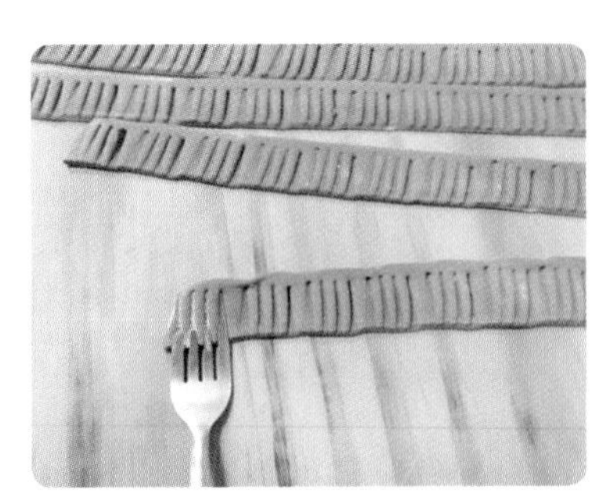

6. 用叉子在紅色 麵皮上壓出紋路，注意！要預留約 0.5 公分不壓。

7. 另一隻手的拇指及食指幫忙，每約 2 公分的間隔，以叉子末端壓出凹痕。

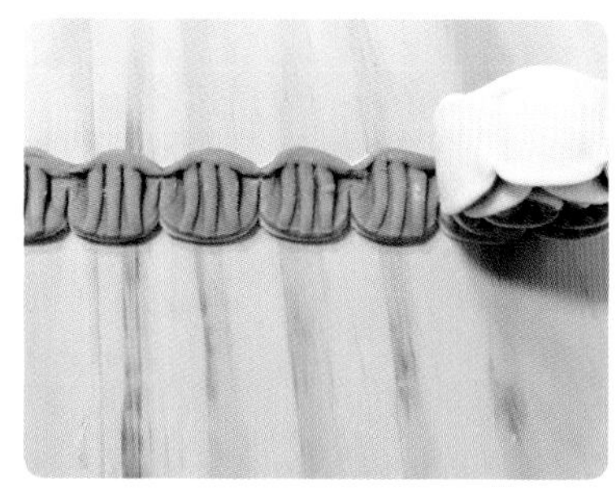

8. 將做好花紋的麵皮捲起來。

9. 捲好後，接口處的麵皮要捏緊。

10. 用手將捲好的花朵紋路撥開。

11. 作品完成，準備做最後發酵。

D. 最後發酵

12. 依 P.18「麵團練功密技」的「最後發酵」過程，完成發酵狀態。

E. 蒸製

13. 依 P.20「麵團練功密技」的「蒸製」過程，水滾後，以中大火蒸 12 分鐘，熄火後再燜 2 分鐘即可。

14. 牡丹花捲完成。

漢克老師小叮嚀

步驟 6 的紋路要壓深一些，以免發酵後紋路不見。

心心相映花捲

份量
5個

一顆心、二顆心、三顆心……，
把我的心都送給你！

材料 Recipe!

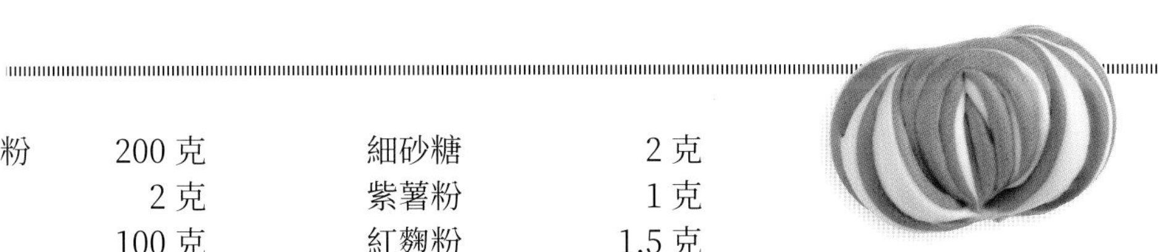

中筋粉心粉	200 克	細砂糖	2 克
酵母	2 克	紫薯粉	1 克
冷水	100 克	紅麴粉	1.5 克

做法 step by step!

A. 攪拌 & 揉製

1. 將中筋粉心粉、酵母、冷水及細砂糖放入鋼盆中，依P.14「麵團練功密技」的「攪拌」、「揉製」過程，將麵團揉至光滑。

B. 調色

2. 將光滑麵團分成 2 等份，其中一份加入紅麴粉、紫薯粉，揉成桃紅色麵團備用。

C. 整型

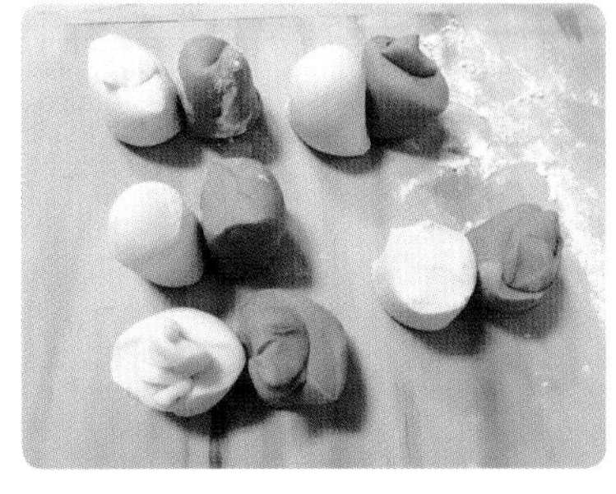

3. 將桃紅色及白色麵團分別搓長後，每 30 克切一顆，各 5 顆，滾圓後備用。

4. 將滾圓好的麵團壓扁，以擀麵棍擀成直徑約 10 公分的圓片。

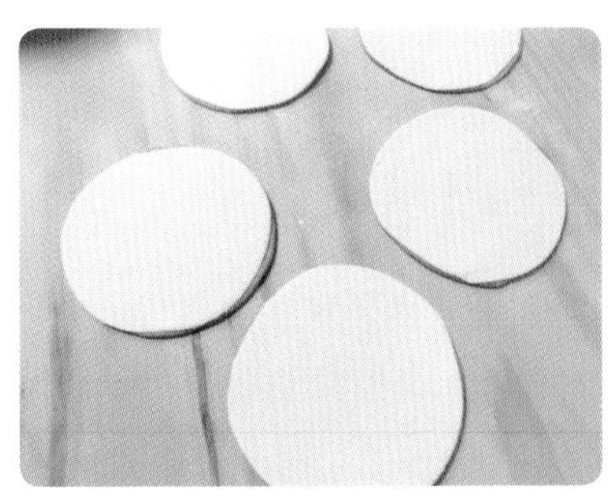

5. 將白色麵皮放在桃紅色麵皮上，再以擀麵棍擀開成直徑約 12 公分大小的圓麵皮。

6. 先切成 4 等份，再從每等份的中間切一刀（上面預留 1 公分）。

7. 四塊皮疊起來，以筷子在 1 公分處往下壓。

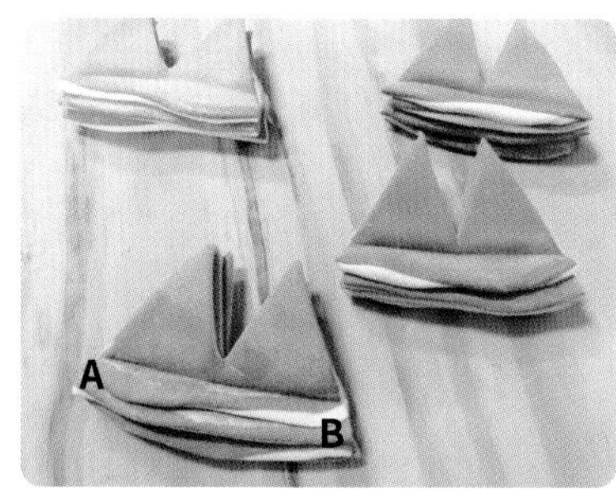

8. 桃紅色面朝上，尖端朝前。

9. 再把 **A**、**B** 兩點朝中間捏在一起。

10. 再把兩側的麵皮，逐一往前端的麵皮捏合。

11. 最後用筷子把兩端捏合處往下壓一下，讓形狀更立體。

12. 作品完成，準備做最後發酵。

D. 最後發酵

13. 依 P.18「麵團練功密技」的「最後發酵」過程，完成發酵狀態。

E. 蒸製

14. 依 P.20「麵團練功密技」的「蒸製」過程，水滾後，以中大火蒸 12 分鐘，熄火後再燜 2 分鐘即可。

15. 心心相映花捲完成。

Cook50228

用雙色麵團做造型花捲

學會麵團攪拌、調色、整型、發酵及蒸製，
透過 40 款造型花捲了解發麵的為什麼？

作者｜漢克老師
攝影｜周禎和
美術設計｜許維玲
編輯｜劉曉甄
校對｜翔縈
企畫統籌｜李橘
總編輯｜莫少閒
出版者｜朱雀文化事業有限公司
地址｜台北市基隆路二段 13-1 號 3 樓
電話｜ 02-2345-3868
傳真｜ 02-2345-3828
劃撥帳號｜ 19234566 朱雀文化事業有限公司
e-mail ｜ redbook@hibox.biz
網址｜ http://redbook.com.tw
總經銷｜大和書報圖書股份有限公司 (02)8990-2588
ISBN ｜ 978-626-7064-34-4
初版一刷｜ 2022.12
定價｜ 480 元
出版登記｜北市業字第 1403 號

國家圖書館出版品預行編目

用雙色麵團做造型花捲：學會麵團攪拌、調色、整型、發酵及蒸製,透過40款造型花捲了解發麵的為什麼? / 漢克老師作.
-- 初版. -- 臺北市：
朱雀文化事業有限公司, 2022.12
面；公分. -- (Cook；50228)
ISBN 978-626-7064-34-4(平裝)
1.CST: 點心食譜 2.CST: 麵食食譜

427.16　　111020435

cuitisan 酷藝師
優惠下單連結
微波、烤箱、電鍋
都可以放入的不鏽鋼廚具